轴向磁场无刷同步电机理论与设计

邓秋玲 著

U0150165

电子工业出版社

Publishing House of Electronics Industry

北京·BEIJING

内 容 简 介

轴向磁场无刷同步电机具有结构紧凑、种类繁多、功率密度高、效率高等优点，可以做成多盘结构以提高输出功率，还可以采用模块式结构简化生产制造，因而具有广泛的应用前景。

本书主要介绍了轴向磁场无刷同步电机的磁路结构、制造特点和设计理论，对双定子单转子轴向磁场伺服电动机、单定子双转子轴向磁场风力发电机进行了电磁设计和三维有限元仿真分析，提出了新型轴向磁场混合励磁无刷同步发电机和基于单定子单转子轴向磁场交流发电机励磁的无刷同步发电机方案，并进行了深入的研究。本书还对轴向磁场无刷同步电机齿槽转矩减弱的方法、轴向磁场无刷同步电机的应用进行了深入的探讨，完善了轴向磁场无刷同步电机的基础理论、设计与制造等方面的研究，为进一步推广轴向磁场无刷同步电机的应用打下了坚实的基础。

本书可作为电气工程专业和新能源专业的研究生教材，也可作为从事轴向磁场电机设计与研发、生产制造和运行管理的研究人员及工程技术人员的参考书。

图书在版编目（CIP）数据

轴向磁场无刷同步电机理论与设计 / 邓秋玲著. —北京：电子工业出版社，2024.1
ISBN 978-7-121-46830-8

Ⅰ. ①轴… Ⅱ. ①邓… Ⅲ. ①永磁同步电机-无刷电机-研究 Ⅳ. ①TM351

中国国家版本馆 CIP 数据核字（2023）第 234891 号

责任编辑：曲 昕 特约编辑：田学清
印　　刷：固安县铭成印刷有限公司
装　　订：固安县铭成印刷有限公司
出版发行：电子工业出版社
　　　　　北京市海淀区万寿路 173 信箱　邮编　100036
开　　本：787×1092　1/16　印张：12.25　字数：314 千字
版　　次：2024 年 1 月第 1 版
印　　次：2025 年 1 月第 4 次印刷
定　　价：78.00 元

凡所购买电子工业出版社图书有缺损问题，请向购买书店调换。若书店售缺，请与本社发行部联系，联系及邮购电话：（010）88254888，88258888。

质量投诉请发邮件至 zlts@phei.com.cn，盗版侵权举报请发邮件至 dbqq@phei.com.cn。

本书咨询联系方式：quxin@phei.com.cn。

前　言

电机是依据电磁感应定律实现能量转换或传递的一种电磁装置，电机内的气隙磁场是电机进行机电能量转换的媒介。根据电机内磁力线通过气隙的路径，可以将电机分为径向磁场电机、轴向磁场电机和横向磁场电机。

世界上第一台电机就是轴向磁场永磁电机（也称为盘式电机），它是法拉第于 1821 年发明的，但受当时永磁材料的性能和生产工艺水平的限制，轴向磁场永磁电机未能得到进一步发展。国内目前还是以径向磁场永磁电机为主，它们大多呈长筒形，直径较小，轴向尺寸很大，散热困难。径向磁场永磁电机转子内部铁心利用率低，内转子齿根部的磁路容易饱和，所以无法进一步提高电机的转矩密度。而轴向磁场永磁电机呈圆盘式结构，加大了气隙磁场的作用面积，使得电机的功率和转矩密度更高，它们直径大、轴向尺寸小、散热容易，且容易实现低速直驱，无容易出故障的齿轮箱，可提高系统的效率。近年来，轴向磁场永磁电机重新受到了人们的重视，在发电、新能源汽车、机器人驱动、直驱电梯电机、电磁弹射系统、船舶驱动等领域都有很好的应用前景。

轴向磁场永磁电机的主要缺点和限制与电机的磁路结构有关。轴向磁场永磁电机的定子铁心通过将硅钢片沿周向卷绕而成，制造比较困难，使用范围受到了限制。随着科学技术的进步、软磁复合材料（SMC）等新材料的出现和性能的改进，越来越多的研究人员在不同应用领域对轴向磁场永磁电机的定子铁心进行了深入的研究与开发，目前采用软磁组合材料（SMC）或 Si-SMC 组合形成的铁心代替钢片铁心可为上述难题提供一个有效的解决办法。

为快速推广轴向磁场无刷同步电机的应用，特将湖南工程学院特种电机研究团队十多年从事轴向磁场电机研发的科研成果进行整理和总结。期望本书的出版能对我国轴向磁场无刷同步电机的进一步发展做出贡献。

本书共 9 章，主要针对轴向磁场无刷同步电机进行研究。第 1 章介绍了轴向磁场电机的种类、特点、研究现状和新材料在轴向磁场电机中的应用。第 2 章介绍了轴向磁场永磁同步电机的运行原理，包括轴向磁场永磁同步电机的磁路、电磁转矩和感应电动势、电枢反应，材料性能和磁路工作点的计算等,并对轴向磁场电机和径向磁场电机的功率密度进行了比较。第 3 章主要对用作伺服电动机的双定子单转子轴向磁场永磁同步伺服电动机进行了设计，对表贴式和嵌入式轴向磁场永磁同步伺服电动机进行了对比研究，最后针对电枢制造困难的问题提出了三种电枢铁心的制造方法。第 4 章阐述了单定子双转子轴向磁场永磁同步发电机的结构和电磁关系，基于 Microsoft Excel 软件对 8kW 单定子双转子轴向磁场永磁同步发电机进行了电磁设计与有限元仿真验证，最后介绍了非晶单定子双转子轴向磁场永磁同步发电机的制造，以及无轭定子铁心和无铁心绕组的制造。第 5 章提出了一种直驱轮式轴向磁场永磁风力发电机，对发电机的主要部件进行了设计与仿真分析，用 Ansys Workbench 软件对电机的主轴结构和转子盘体的受力情况进行了仿真分析。第 6 章针对永磁磁场难以调节的问题提出了一种新型轴向磁场混合励磁无刷同步电机。第 7 章提出了一种基于轴向磁场交流励磁机的无刷同步发电机，并与传统径向磁场交流励磁机进行了对比，证明了该电机的优越性。第 8 章结合轴向磁场永磁同步电机的结构特点,对轴向磁场永磁同步电机的齿槽转矩进行了分析，最后基于田口算法对齿槽转矩进行了优化。第 9 章介绍了轴向磁场永磁无刷电机的应用。

为了便于读者对照学习，本书采用的 Maxwell 有限元仿真软件绘制的结构图和仿真图均为原图，未进行处理，特此声明。

湖南工程学院邓秋玲教授负责撰写本书，湖南工程学院研究生陈可、谢吉堂、肖意南、向全所、艾文豪、廖宇琦、朱明浩对本书的研究成果做出了重要贡献。本书相关的基础研究工作得到了湖南工程学院"电气工程及其自动化国家级一流本科专业建设点"和"湖南省应用特色学科"的资助，得到了佛山市南海区"蓝海人才计划"创新创业团队"新型轴向磁场电机研制及产业化"项目的资助。本书在撰写过程中得到了湖南工程学院电气与信息工程学院万琴院长、多多岛科技有限公司和湘电莱特股份有限公司的大力支持，在此一并表示感谢。

由于作者的水平有限，书中难免存在不足或不当之处，恳请广大读者批评指正。

目　　录

第1章 绪 论

1.1 电机的定义及分类

众所周知，电机是依据电磁感应定律实现能量转换或传递的一种电磁装置，包括电动机和发电机。电机内的气隙磁场是电机进行机电能量转换的媒介。电机内磁场产生的方式有两种，一种是由电磁铁产生的磁场，即将电机绕组缠绕在铁磁材料做成的铁心上，在电机绕组内通以电流来产生磁场；另一种是由永磁体产生的磁场，它不需要励磁绕组，因此也不需要供给励磁绕组电流，电机的结构变得简单，电机的效率提高了。根据磁场产生的方式，电机可分为电励磁电机和永磁电机两种。根据电机内磁力线通过气隙的路径，电机又可分为径向磁场电机、轴向磁场电机和横向磁场电机。

1.1.1 径向磁场电机

顾名思义，在径向磁场电机中，磁场是沿径向通过气隙的，气隙呈圆柱形，定子和转子是沿径向同心式安装的，电机的定子与转子均为圆柱形的，如传统的直流电机、异步电机和同步电机就是径向磁场电机。径向磁场电机的结构和磁路示意图如图 1.1 所示。若转子安装在定子的内部，则称为内转子电机，若转子安装在定子的外部，则称为外转子电机。外转子电机的定子被转子包围在里面，散热性能不好，但转动惯量大，转矩脉动小。一般情况下，内转子电机使用比较多，只有在比较特殊的场合下才使用外转子电机，如用外转子电机直接驱动皮带来运输物体，轮毂电机一般采用外转子电机，转子直接安装在轮胎里面。径向磁场电机的磁路结构是二维的，磁路比较简单。在硅钢片叠片铁心的电机中，平面磁路可以获得良好的磁性能，但也限制了设计的多样性。由于定子、转子铁心采用硅钢片轴向叠压，制造简单，因此目前径向磁场电机获得了广泛的应用。

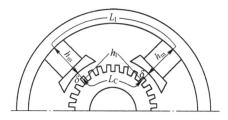

（a）径向磁场电机的结构示意图　　　　　（b）径向磁场电机的磁路示意图

图 1.1　径向磁场电机的结构和磁路示意图

1.1.2 轴向磁场电机

轴向磁场电机的拓扑结构不同于径向磁场电机的拓扑结构，其磁力线是沿轴向通过气隙的，气隙呈平面型，定子与转子沿轴向交替排列而成，电机的磁路是三维的，给转子磁路

1

的设计带来了很大的灵活性。由于气隙磁场沿轴向分布，电机的定子与转子均为圆盘形的，因此轴向磁场电机又被称为盘式电机。

　　轴向磁场电机定子、转子可设置一个或多个，构成单定子单转子盘式、中间定子盘式、中间转子盘式，以及多定子多转子盘式电机。轴向磁场电机的最小盘数为 2，但是为了使电机结构更具对称性，以消除盘与盘之间的磁拉力，并且为了得到更大的气隙面积以增加输出，一般都使用三个盘或三个以上的盘。图 1.2 所示为轴向磁场电机的结构示意图。

（a）单定子单转子（双盘）　　　（b）单定子双转子（三盘）　　　（c）双定子单转子（三盘）

图 1.2　轴向磁场电机的结构示意图

1.1.3　横向磁场电机

　　横向磁场电机的拓扑结构与径向磁场电机和轴向磁场电机的拓扑结构均不相同，它的整个定子铁心由多个 C 形定子铁心绕电机转轴沿周向排列组成，转子呈圆盘形，转子外圆周上均匀分布着 N、S 极性交替排列的永磁体。转子上安装的永磁体位于 C 形定子铁心的缺口中。永磁体之间有间隙，永磁体磁通方向与电机转轴平行，磁力线轴向通过气隙，因此，横向磁场电机属于轴向磁场电机的范畴。横向磁场电机磁路和电路（线圈部分）不在同一平面上，实现了电路与磁路的解耦。横向磁场电机的磁路与轴向磁场电机的磁路一样，也是三维的，横向磁场电机有许多部件，工艺比较复杂，成本较高，控制比较困难。图 1.3 所示为横向磁场电机的结构示意图。

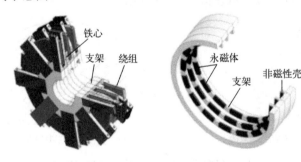

图 1.3　横向磁场电机的结构示意图

1.2　轴向磁场电机的分类

　　由于轴向磁场电机独特的定子盘、转子盘结构，因此轴向磁场电机的结构非常灵活，种类很多，分类方法也比较复杂。按照普通旋转电机的分类方法，可以根据电机的工作原理分类，还可以根据电机的基本结构分类。

1.2.1 按电机的工作原理分类

在工作原理上，每种径向磁场电机都有其对应的轴向磁场电机。实际上，轴向磁场（Axial Flux，AF）电机的种类也是有限的。目前用到的 AF 电机主要有以下几种。

（1）带换向器的轴向磁场永磁（Axial Flux Permanent Magnet，AFPM）有刷直流电机。

（2）轴向磁场永磁同步电机和轴向磁场永磁无刷直流电机。

（3）轴向磁场异步电机。

1.2.1.1 带换向器的轴向磁场永磁有刷直流电机

轴向磁场永磁有刷直流电机在 20 世纪 70 年代初就被研制出来了，与径向磁场永磁有刷直流电机类似，带换向器的轴向磁场永磁有刷直流电机可以使用永磁体来代替电机的电励磁磁极。转子（电枢）可以设计成绕线转子或印刷绕组转子。在绕线转子电机中，电枢绕组由铜线绕制并用树脂模压而成。换向器类似于传统直流电机的换向器，它可以为圆柱体的。

图 1.4 所示为 8 极印刷绕组轴向磁场永磁有刷直流电机的结构示意图，图 1.4（a）所示为永磁体定子，图 1.4（b）所示为电机截面图，图 1.4（c）所示为转子（电枢）绕组和电刷，图 1.4（d）所示为电枢印刷绕组。由图 1.4 可见，永磁体放置在定子铁心上，该电机转子上无铁磁铁心，转子绕组类似于传统直流换向器电机的波绕组，线圈先由铜片压印再焊接形成波绕组，电枢采用印刷电路板的形式制成，因此被称为印刷绕组电机。需要指出的是，轴向磁场永磁直流电机是有刷电机。这种电机的气隙比较大，需要的永磁体用量比较大，因此可采用价格低廉的铝镍钴永磁材料。铝镍钴永磁材料有高的剩磁密度，但矫顽力不大。

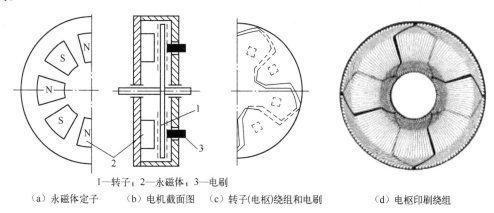

1—转子；2—永磁体；3—电刷

（a）永磁体定子　　（b）电机截面图　　（c）转子(电枢)绕组和电刷　　　（d）电枢印刷绕组

图 1.4　8 极印刷绕组轴向磁场永磁有刷直流电机的结构示意图

轴向磁场永磁有刷直流电机有许多优点：轴向尺寸短，可适用于对薄型安装有严格要求的场合；采用无铁心的电枢结构，不存在齿槽转矩引起的转矩脉动，转子上不存在铁耗，可提高电机的效率；电枢绕组电感小，具有良好的换向性能。鉴于轴向磁场永磁有刷直流电机的优良性能，已被广泛应用在工业、办公自动化设备和家用电器等领域，如风扇、鼓风机、小型电动车辆、汽车空调器、机器人、计算机外围设备、电动工具等。轴向磁场永磁有刷直流电机可以做成电励磁电机。

1.2.1.2 轴向磁场永磁同步电机和轴向磁场永磁无刷直流电机

轴向磁场永磁同步电机和轴向磁场永磁无刷直流电机对应的径向磁场电机一样,它们的结构也是一样的,但它们的理论和运行原理不同,其主要差别在于工作电流的波形不同,如图1.5所示。无刷直流电机产生一个方波的反电动势,电流波形为方波,因此被称为方波电机。在交流永磁同步电机中产生的是正弦波反电动势,电流波形为正弦波,因此被称为正弦波电机,也被称为永磁同步电机。

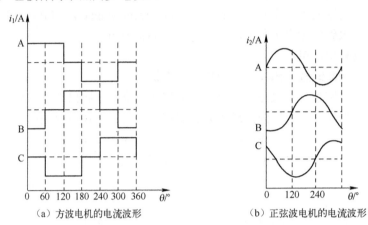

（a）方波电机的电流波形　　　　　　（b）正弦波电机的电流波形

图1.5　轴向磁场永磁同步电机和轴向磁场无刷直流电机的电流波形图

轴向磁场永磁同步电机结构种类较多,应用范围广泛,是本书研究的重点,并将在后面的章节中进行详细研究。

1.2.1.3 轴向磁场异步电机

轴向磁场异步电机只能做成电励磁电机,放置鼠笼绕组的叠片转子铁心是轴向磁场异步电机的制造难点。若鼠笼绕组用非磁性高电导率的铜或铝来代替,或者用覆盖铜层的钢盘来代替,则电机的性能会显著恶化。目前来说,对轴向磁场异步电机开发的价值不大。

1.2.2 按电机的基本结构分类

按照轴向磁场电机的基本结构来分,轴向磁场电机大致可以分为单定子单转子、双定子单转子、单定子双转子和多盘式。由于永磁电机取消了励磁绕组,可以实现电机的无刷化,同时提高了电机的效率,因此轴向磁场电机通常做成永磁电机。轴向磁场永磁(AFPM)电机结构很灵活,按照有无定子铁心和绕组的形状,又可以继续按图1.6所示分类。由于单定子双转子AFPM电机的中间定子绕组形式的多样性,相对于双定子单转子盘式电机来说,其结构更为丰富,磁路结构有NN和NS两种。

1.2.2.1 按电机盘数分类

1. 单定子单转子AFPM电机

单定子单转子AFPM电机是轴向磁场永磁电机中最简单的,也是最基本的结构形式,如图1.2（a）所示。该结构由一个盘形定子和一个盘形转子组成,中间是轴向平面气隙。永磁体粘贴或嵌在转子盘上,定子铁心由电工钢片卷绕而成。单定子单转子AFPM电机由于结构紧凑、输出转矩大、散热容易,并且能够承受较大的电流密度,已被应用于工业牵引、军事、交通运输业和无齿轮直驱电梯中。图1.7所示为单定子单转子AFPM电机的典型结构图，图 1.7（a）所示的电机使用在工业牵引和伺服驱动机电装置中，图 1.7（b）所示的电机中集合了滑轮装置和制动装置（图中未画出），可以用来起吊物体，也可以用在无齿轮直驱电梯中。

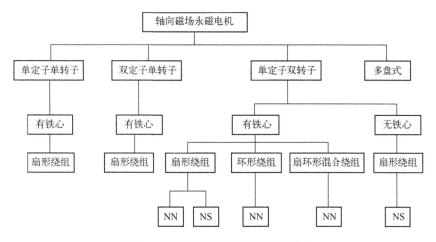

图 1.6　轴向磁场永磁电机分类示意图

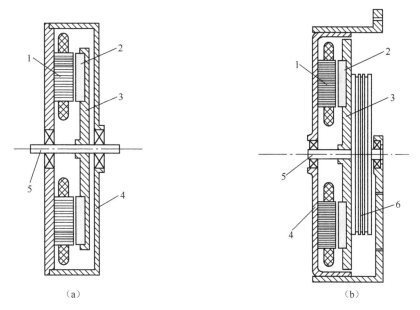

（a）　　　　　　　　　　　　　　（b）

1—叠片定子铁心；2—永磁体；3—转子；4—机座；5—转轴；6—滑轮组

图 1.7　单定子单转子 AFPM 电机的典型结构图

单定子单转子 AFPM 电机的主要缺点是在定子和转子之间存在不平衡轴向磁拉力，很容易使电机结构扭曲变形，增加轴承负荷，因此在轴承结构设计中应当注意。此外，转子上由永磁体产生的磁场在定子铁心中交变会产生损耗，导致单定子单转子 AFPM 电机的效率降低。

2．双定子单转子 AFPM 电机

双定子单转子 AFPM 电机包括一个转子盘和两个定子盘，两个定子盘在外侧，转子盘在两个定子盘中间构成双气隙结构，也称为双边结构，如图 1.2（c）所示。由于双定子为对称结构，受到两个相互抵消的磁拉力，因此不存在单定子单转子 AFPM 电机的单边磁拉力问题。永磁体安装在转子盘的两个表面，这种结构的电机被称为轴向磁场内转子（Axial Flux Internal Rotor，AFIR）电机，具有较好的散热性能和较低的转动惯量。

图 1.8 所示为 8 极双定子单转子 AFPM 电机的结构示意图，该电机有两个独立的定子绕组，在并联运行时，即使一个定子绕组出现故障，该电机还可以继续运行，即电机具有一定的故障容错能力。两个绕组串联运行时，可以提供给转子大小相等且方向相反的轴向磁拉力，使转子上受到的磁拉力相互抵消，以减少电机的振动和损耗，因此这是绕组连接方式的首选方案。

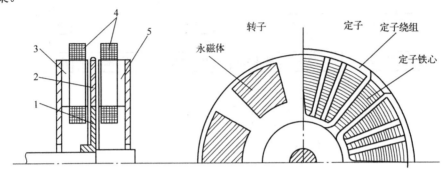

1—转子；2—永磁体；3—定子铁心；4—定子绕组；5—定子

图 1.8　8 极双定子单转子 AFPM 电机的结构示意图

3．单定子双转子 AFPM 电机

单定子双转子 AFPM 电机结构由一个定子盘和两个转子盘组成，两个转子盘在外侧，定子盘在两个转子盘中间，如图 1.2（b）所示。单定子双转子结构又被称为 TORUS 结构，相对于单定子单转子 AFPM 电机而言，整体气隙磁通密度可提高 10%。由于两边结构对称，该电机的两个转子盘对中间的定子盘产生的磁拉力大小相等，方向相反，因此不存在单定子单转子 AFPM 电机的单边磁拉力问题。

图 1.9 所示为两种无槽定子铁心单定子双转子 AFPM 电机结构图，图 1.9（a）所示的电机可作为推进电动机和燃油同步发电机，图 1.9（b）所示的电机可作为起重电机。电动汽车中的轮毂电机可采用图 1.9（b）所示的电机[在图 1.9（b）中除去机座]。

单定子双转子结构可以构成一种特殊的电机——双转速电机。双转速电机有两种转速运行模式，可实现不同转速的变换。径向磁场双转速电机需要运行在两套不同极对数的绕组情况下，通过改变极对数来改变运行速度，实现变速功能。径向磁场双转速电机属于有级变速，无法实现平滑的无级调速，适用范围相对较窄。轴向磁场双转速电机主要在单定子双转子结构下实现。该双转速电机可看成由两台单定子单转子 AFPM 电机组成，有两套互不影响的磁路，因此，有两套不同的极对数来实现速度变换，该双转速电机不仅能变换转速，还能在两种不同速度下运行，较径向磁通双转速电机应用广泛。

4．多盘式 AFPM 电机

经研究表明，通过增大电机直径可以增加转矩，然而也要考虑以下限制条件：轴承所能够承受的轴向力；定子盘、转子盘与轴之间的机械连接；圆盘刚度。

为了满足大转矩、高功率电机的需求，可以采用多盘式结构的办法，即由多个定子盘和转子盘并列组合而成，这种结构可以在不增加外径的条件下增加电机转矩和功率，因此在要求电机的功率比较大的情况下可以考虑多盘式结构。

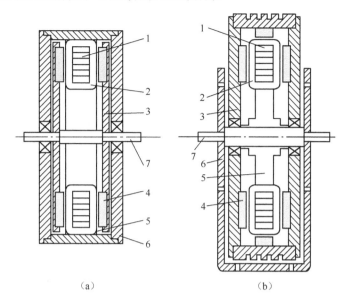

（a）　　　　　　　　　（b）

1—定子铁心；2—定子绕组；3—钢转子；4—永磁体；5—树脂；6—机座；7—轴

图 1.9　两种无槽定子铁心单定子双转子 AFPM 电机结构图

多盘式 AFPM 电机是由多个定子和多个转子相互交错排列组成的多气隙结构，如图 1.10 所示，这种结构可以在较小半径下实现大功率、大转矩输出。

图 1.10　多盘式 AFPM 电机结构示意图

1.2.2.2　按有无铁心分类

1. 有定子铁心

在双定子单转子 AFPM 电机中，外面定子一般采用有铁心的结构，以减小整个磁路的磁阻，从而减少永磁体的用量。外边转子中间定子轴向磁场永磁电机依据磁通闭合路径的不同，可采用有定子铁心或无定子铁心结构。有定子铁心的轴向磁场电机的定子铁心是通过先将硅钢片带料卷绕后再进行槽加工或将冲好槽的硅钢片带料卷绕而成的，如图 1.11 所示。在槽加工过程中，会遇到叠片之间短路的问题，当绕制冲好槽的叠片带时，存在预先打孔的槽难以对齐的难题。因此，轴向磁场电机的电枢铁心是轴向磁场电机制造的难点和关键，也解释了轴向磁场电机出现得早但至今还没有得到广泛应用的原因。随着传统径向磁场电机出现的散热和功率密度的局限性，随着轴向磁场电机制造工艺的进步和新材料的出现，轴向磁场电机又重新被电机工程师们重视。例如，采用图 1.11（b）所示的软磁复合材料来形成的定子铁心，使电机的制造变得简单，在不降低电机性能的前提下，可降低电机的成本。

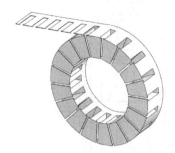
（a）硅钢片带料卷绕形成的定子铁心

（b）软磁复合材料形成的定子铁心

图 1.11　轴向磁场电机的定子铁心

有定子铁心的轴向磁场电机又可分为有槽和无槽两种形式。将电机定子铁心开槽可以有效地减少气隙，降低气隙的磁阻且增大气隙磁密度，减少所需永磁体用量，因而可以降低电机的成本，同时可增加电机的电感，从而提高电机的弱磁调速能力。但有槽的轴向磁场电机存在齿槽转矩，齿槽转矩的存在将使电机产生脉振和附加损耗，因此应采取有效措施来降低齿槽转矩，本书将在第 8 章对永磁同步电机的齿槽转矩进行分析。

对于有槽的轴向磁场电机，在每个槽开口处轴向磁场电机的平均气隙磁密度将会减小。由于开槽引起的气隙磁密度减小相当于该处的等效气隙增大了，因此用一个等效的气隙来表示。等效气隙 g' 和实际气隙 g 之间的关系可以用卡特系数 $k_C > 1$ 来描述。

$$g' = gk_C \tag{1.1}$$

$$k_C = \frac{t_1}{t_1 - \gamma g} \tag{1.2}$$

$$\gamma = \frac{4}{\pi} \left[\frac{b_{14}}{2g} \arctan\left(\frac{b_{14}}{2g}\right) - \ln\sqrt{1 + \left(\frac{b_{14}}{2g}\right)^2} \right] \tag{1.3}$$

式中，t_1 是平均槽距；b_{14} 是槽口宽度。

电机定子铁心不开槽时，绕组直接绕制在定子铁心上，如图 1.12 所示。这种电机的定子装配简单，没有齿槽转矩，降低了转子表面的损耗和磁饱和程度，降低了电机的噪声。但电机的有效气隙比较大，有效气隙等于机械间隙加上主磁路上主磁通通过的所有非磁性材料的厚度，包括绕组、绝缘材料、灌封材料和支撑结构。气隙增大，使得电机所需的永磁体用量增加，电机的电感比槽电机的电感要小，减小了电机的恒功率运行范围，并且绕组处在交变的气隙磁场中，使得电机绕组涡流损耗升高。因为电机的定子铁心没有开槽，所以无槽电机的卡特系数 $k_C = 1$。

有定子铁心的轴向磁场电机还可分为有轭和无轭两种形式。当单定子双转子 AFPM 电机采用 NS 磁路结构时，可以采用无定子轭结构，因为在这种情况下，磁力线从一个转子的 N 极出发，沿轴向通过气隙到达中间定子后，又通过另一个气隙到达另一个转子的 S 极，磁力线不需要通过中间定子的轭部，因此可以取消定子轭部。这种电机被称为 YASA（Yokeless And Segmented Armature，无磁轭模块化）电机，结构示意图如图 1.13 所示。

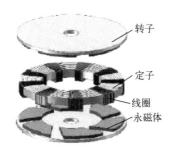

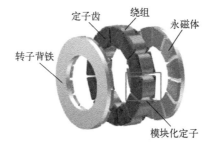

图 1.12　定子铁心不开槽的轴向磁场永磁电机　　　　图 1.13　YASA 电机结构示意图

2. 无定子铁心

无定子铁心单定子双转子 AFPM 电机的定子绕组安装在非磁性或绝缘材料制成的支撑结构上，不存在定子铁耗和磁滞现象，永磁体和转子铁心的损耗可忽略不计，电机效率更高；不存在齿槽转矩，更利于电机平稳运行，降低了电机的噪声。

无定子铁心 AFPM 电机一般采用单定子双转子结构，其示意图如图 1.14 所示。从图中可以看到，该电机的定子线圈被封装在由绝缘材料制成的定子电枢盘中，封装好的定子电枢盘要求有足够的强度，因为定子上可能会受到不平衡磁拉力的作用。由于绕组放在气隙中间，电机的有效气隙长度增大，比有铁心无槽电机的气隙更大，磁场由永磁体产生，为了让气隙磁通密度维持在合理的水平，这种结构相比于硅钢片叠压式定子铁心不开槽结构需要的永磁体用量更多。因此，为了尽量缩短气隙长度，减少永磁体用量，无定子铁心必须做得很薄。当电机运行频率较高时，定子绕组内部可能会产生很大的边缘电流。另外，无定子铁心 AFPM 电机绕组的安装难度大，对工艺要求高，需要通过添加填料的方式来固定线圈。相较于有定子铁心 AFPM 电机，无定子铁心 AFPM 电机气隙磁通密度有所下降，功率密度和转矩密度都不高，因此无定子铁心 AFPM 电机不适宜做成大容量电机。

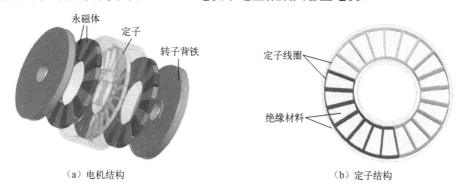

（a）电机结构　　　　　　　　　　　　　　（b）定子结构

图 1.14　无定子铁心单定子双转子 AFPM 电机示意图

根据电机的应用场合不同，无槽电机的定子可以有铁心，也可以无铁心，无槽无定子铁心 AFPM 电机的定子由绕组注塑而成。

无定子铁心 AFPM 电机的定子绕组可设计为菱形、梯形、六边形等形状，但成型工艺较为复杂。随着印制电路板（Printed Circuit Board，PCB）工艺的不断发展，无定子铁心 AFPM 电机的定子制作也得到了极大的简化，可以设计制作出多种形状的绕组，其气隙也更平整。在 PCB 轴向磁场永磁电机中，相对于集中式绕组，分布式绕组更有利于降低铜耗，提升电机性能。图 1.15 所示为 PCB 分布式绕组，有等宽和不等宽两种类型。不等宽 PCB 分布式绕组的输出特性更好，且更有利于降低电机温升和损耗。

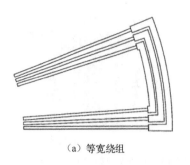
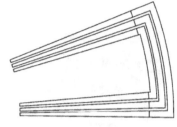

（a）等宽绕组	（b）不等宽绕组

图 1.15　PCB 分布式绕组

3．无转子铁心

当外边双定子中间转子 AFPM 电机采用 NS 磁路结构时，可以取消转子轭部。采用嵌入式永磁体结构时，转子甚至完全不需要铁磁材料构成无转子铁心结构，轴向长度更短，更有利于提高电机的功率密度，减小转子的质量，特别适合作为伺服电机，这种结构将在本书的第 3 章进行介绍。

4．既无定子铁心又无转子铁心

随着高能永磁体的应用，AFPM 电机的定子和转子都可以制造成无铁心结构的。完全无铁心的 AFPM 电机相比传统的 RFPM 电机，其没有铁耗，电机的质量减小了，功率密度和效率提高了。定子和转子之间不会产生通常的磁拉力，在零电枢电流状态下也不会产生齿槽转矩、转矩脉动及噪声。

既无定子铁心又无转子铁心的 AFPM 电机在 20 世纪 90 年代后期就被制造出来了，并应用在伺服机构、工业电机驱动、太阳能供电的电气车辆等领域，也作为计算机外围的微电动机和手机上的振动电机。既无定子铁心又无转子铁心单定子双转子 AFPM 电机结构如图 1.16 所示。转子盘由稀土永磁体和非磁性材料支撑件组成。无铁心的定子位于两个相同的转子盘之间，定子固定在机座上。定子绕组采用叠绕的方式，整个绕组嵌在机械完整性好的塑料或树脂中。

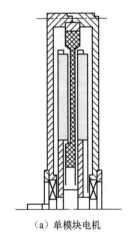
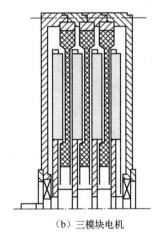

（a）单模块电机	（b）三模块电机

图 1.16　既无定子铁心又无转子铁心单定子双转子 AFPM 电机

AFPM 电机不能依靠过度增加电机直径来获得高的电磁转矩，但可以通过增加盘数来提高电磁转矩，如采用 3 盘及 3 盘以上的 AFPM 电机。无铁心电机可设计成如图 1.16（b）所示的模块化结构，可以通过增加更多的模块来提高输出功率。

为了获得更高的功率和转矩密度，气隙磁通密度应尽可能大，这可以通过使用 Halbach 永磁体阵列来获得。Halbach 永磁体阵列如图 1.17 所示。从图中可以看出，这种转子结构的相邻永磁体之间可以同时沿径向或切向充磁，磁化夹角一般设置为 45°、60° 或 90°，其叠加的结果可以加强或削弱其中一侧的磁场。因此，采用 Halbach 永磁体阵列的电机有一种集磁效应，能够减少漏磁，使其转子背铁中的磁通密度大幅度减小，同时，提高电机的气隙磁通密度。另外，由于采用 Halbach 永磁体阵列的电机可以不需要转子背铁也能形成闭合磁路，因此便实现了 AFPM 电机定子、转子均无铁心的结构，将进一步减小电机的质量，并减小其转动惯量。但采用 Halbach 永磁体阵列时，永磁体的充磁及加工过程相对复杂，因此对其相关工艺提出了更高的要求。

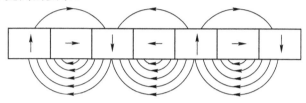

图 1.17　Halbach 永磁体阵列

1.2.2.3　按定子绕组形状分类

与传统径向磁场电机一样，AFPM 电机使用的绕组有分布式绕组和集中绕组两种。分布式绕组又有叠绕组和波绕组两种形式。由于 AFPM 电机结构的多样性，电机绕组形式也多种多样，一般根据电机的拓扑结构而定。目前，轴向磁场电机常用的绕组结构大致可以分为分布式绕组、无定子铁心绕组、环形绕组（鼓形绕组）、扇形绕组（凸极绕组）和扇环形混合绕组。

1.　分布式绕组

分布式绕组有单层和双层绕组两种形式，叠绕组是最基本的电机绕组形式，但轴向磁场电机采用叠绕组时槽满率较低，通常只有 50%。图 1.18 所示为三相 AFPM 电机的分布式单层绕组结构图，三相分别用 U、V、W 表示。电机槽数 $z=36$，极对数 $p=3$，即电机为 6 极电机，相数 $m_1=3$。电机的每相每极槽数 q 为

$$q = \frac{z}{2m_1 p} = 2 \tag{1.4}$$

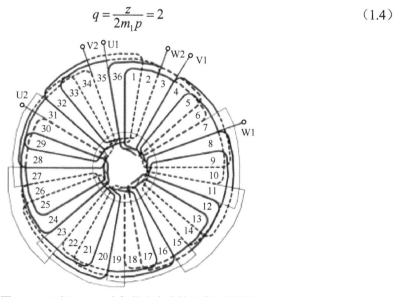

图 1.18　三相 AFPM 电机的分布式单层绕组结构图

2．无定子铁心绕组

无定子铁心绕组有两种形式：由多个线圈形成的绕组，线圈用多匝绝缘的圆导体或矩形导体绕制而成；印刷绕组，也称为薄膜线圈绕组。无定子铁心绕组使用在双转子中间定子的双边结构的 AFPM 电机中，图 1.19 所示为三相 8 极无定子铁心双转子 AFPM 电机的定子绕组结构图。

在制造轴向磁场永磁电机无定子铁心绕组时，将线圈均匀分布在一个被称为轴的圆柱体支撑结构上，这个轴由非磁性和非导电性材料制成。线圈首先连接成线圈组，然后通过一定方式连接成星形或三角形绕组，同相的线圈或线圈组可以并联连接形成多条并联支路。线圈形成弯管以便在装配相同的线圈时获得更高的填充密度，同一个线圈两边的内部分别放置来自相邻线圈的一个边，如图 1.19（b）所示。线圈放置在有槽的模具中，并将线圈固定在相应的位置上，通过模具将绕组、环氧树脂和硬化剂混合在一起，并将绕组固定在相应的位置上。

1—线圈边；2—内层弯管；3—外层弯管
（a）单个线圈　　　　　　　　（b）线圈组　　　　　　　　（c）绕组连接图

图 1.19　三相 8 极无定子铁心双转子 AFPM 电机的定子绕组结构图

3．环形绕组

对于有铁心的轴向磁场电机，线圈沿电枢铁心轭部环绕，因此被称为环形绕组，也被称为鼓形绕组，还可以被称为背对背绕组，如图 1.20（a）所示。图 1.20（b）所示为环形绕组端部接线图。环形绕组使用在双转子中间定子的双边结构 AFPM 电机中，主要适用于 NN 磁路结构的轴向磁场电机。每相绕组有相等的线圈数，线圈反方向连接以抵消定子铁心中的磁循环。环形绕组有以下几个优点。

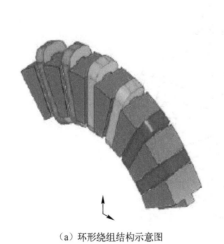

（a）环形绕组结构示意图　　　　　　　　（b）环形绕组端部接线图

图 1.20　环形绕组

（1）线圈尺寸相同，便于制造，绕组槽满率可以高达 80%。

（2）环形绕组结构十分简单，它可以均匀地环绕在不开槽的铁心上，也可以嵌在铁心槽中。

（3）可以灵活地选择节距，以改善电动势和磁动势波形。

（4）绕组端部很短，端部形状整齐，有利于散热和增强机械强度。

虽然环形绕组的端部比较短，可以有效降低电机的铜耗，但是铁心开槽的环形绕组电机，其铁心制造难度较大，若采用无槽定子铁心，则定子与外壳固定困难，加工难度也较大。

4. 扇形绕组

对于有定子铁心的轴向磁场电机，绕在与气隙平面平行的铁心平面上的集中绕组，被称为扇形绕组或凸极绕组，如图 1.21 所示。扇形绕组使用在双转子中间定子的双边结构 AFPM 电机中，适用于 NN 和 NS 磁路结构的轴向磁场电机，也可以使用在双定子中间转子的 AFPM 电机中。NN 磁路结构的外转子中间定子 AFPM 电机需要较厚的定子轭部来提供磁通路径，而对于 NS 磁路结构的电机，磁通不需要周向穿过中间定子轭部，轴向尺寸短，可以有效提高电机的功率密度。

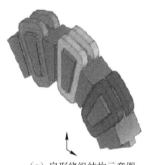
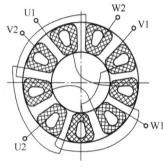

（a）扇形绕组结构示意图　　　　　　（b）扇形绕组端部连接图

图 1.21　扇形绕组

5. 扇环形混合绕组

采用扇环形混合绕组的电机，如图 1.22 所示。相对于扇形绕组缩短了端部的长度，降低了铜耗。但是绕组的固定和加工较困难，提高了电机制造成本。

图 1.22　扇环形混合绕组

定子绕组通常由表面绝缘的铜线绕制而成，导线的横截面可以是圆形的，也可以是矩形的。对于采用水冷的大功率 AFPM 电机，可以用空心导线。圆导线直径大于 1.5mm 时很难被绕制成线圈，如果电流密度太大，则推荐采用多根小直径的导线并绕，而不采用大直径的导线，定子绕组也可以采用多条并联支路。电枢绕组可以是单层的，也可以是双层的。线圈绕制好之后，必须固定好线圈的位置，避免导线移动。固定导线位置的方法有两种：一种是浸漆工艺，先将整个绕组浸在漆类材料中，然后烘干表面的溶剂；另一种是滴浸工艺，将经过精密测量、能迅速固化的无溶剂漆连续滴落到经过预热的旋转着的绕组上。

1.3 轴向磁场电机的特点

径向磁场电机与轴向磁场电机在结构上的差异导致了两种电机的形状不同，制造工艺也不一样，电机的性能也存在差异。就形状来说，这两种电机通常有不同的轴向长度和内径的比值，被称为长径比。径向磁场电机通常有较大的长径比，电机的形状为圆柱形，存在电机散热困难、转子内部空间利用率低等技术瓶颈。对于轴向磁场电机而言，电机的长径比较小，即外径和轴向长度的比值要高一些，电机外形呈圆盘状，因此被称为盘式电机。传统径向磁场电机的磁路结构完全可以采用二维平面结构来描述，而轴向磁场电机必须采用三维平面结构来描述。另外，轴向磁场电机有不同于径向磁场电机的制造特点。例如，径向磁场电机的定子铁心叠片是沿轴向叠压的，相对比较容易。而轴向磁场电机的定子铁心叠片是沿周向叠压的，难度比较大。

摆脱叠片铁心困扰有两种方法：采用实体铁心加工或采用印制的铁心；采用整个无铁心或无铁心轭的磁路结构。上述两种方法的可行性建立在获得新材料的基础上（对于电机领域来说是新的）：粉末型软磁复合材料，可以通过加工处理或直接采用压制或印制处理来成型；高性能永磁材料和具有良好热性能/机械性能的塑性材料，可以减少或消除磁性材料的使用。目前，随着软磁复合材料性能的改进，采用软磁复合材料（SMC）做成的铁心代替叠片铁心可为上述难题提供一个有效的解决办法。

1.3.1 轴向磁场电机的优点

由于轴向磁场电机定子、转子具有独特的盘形结构，因此它的设计很灵活，结构种类繁多。根据不同应用场合的需要，轴向磁场电机可以设计成单气隙或多气隙电机，可以是单盘、双盘或多盘结构。电机可以有电枢槽或无电枢槽，可以有电枢铁心或无电枢铁心。对于有电枢铁心的电机，可以是有轭的或无轭的。装有永磁体的转子盘可以放置在里面，也可以放置在外面。

由于轴向磁场电机的输出功率与盘形铁心端面的面积有关，而与电机轴向长度无关，铁心长度只受轭部磁通密度最大值限制，电机结构紧凑、转动惯量小，且这种电机散热条件好，电磁负荷可选择较高值，因此其功率体积比即功率密度，较传统径向磁场电机的功率体积比大，耗用材料少。轴向磁场电机还可以做成多定子、多转子的多气隙结构，以提高输出功率。

在特定的场合下，AF 电机还有很多优点，它可以应用于以下场合。

（1）与传统的电机相比，AF 电机结构紧凑，有较大的功率质量比，特别是当电机的极数足够多（从 12 极到上百极），轴向长度与外径的比率足够小（扁平结构）时，轴向磁场电机在功率和转矩密度方面有明显的优势，特别适合应用于飞机、电动汽车上。

（2）有较大的长径比，能设计成多极电机，尤其适用于低速应用场合，如直驱电梯驱动、起重机、风力发电机、水轮发电机等。

（3）外形扁平，适用于风扇、泵等家用电器。

（4）采用无转子铁心，可适用于响应快、惯量小的电机。

（5）平面型气隙将定子和转子分隔开，因此可以设计成屏蔽电机。

（6）大惯量轴向磁场电机配上简单的功率晶体管调速器，可在低速范围内平衡运转。

（7）较大的转子直径具有较大的转动惯量，可以用于飞轮储能装置。

1.3.2 轴向磁场电机的缺点

1.3.2.1 电枢铁心制造困难

轴向磁场电机的主要缺点和限制与电机的磁路结构有关。首先，不难理解，由于轴向磁场电机的磁通是轴向通过气隙的，与径向磁场电机的磁通径向通过气隙不一样，因此铁心的制造过程与径向磁场电机的制造过程不一样。径向磁场电机的定子铁心是由冲好槽的硅钢片沿轴向方向叠压而成的，相对比较容易。而轴向磁场电机的定子铁心是通过将冲好槽的硅钢片带料沿周向卷绕而成的，如图 1.11（a）所示。在绕制冲好槽的叠片过程中，存在预先打孔的槽难以对齐的难题。若事先将带料卷绕好再冲槽，则又存在毛刺损坏绝缘的问题。轴向磁场电枢铁心制造的困难将使电机的成本增加。

另外，所提出来的一些叠片结构，如带绕或径向叠片结构，在技术上不容易被制造，必须从机械的角度来仔细考虑它的设计。若采用无铁心结构，则需要有良好机械性能和热性能的材料去取代铁心部分。

1.3.2.2 存在轴向磁拉力

在轴向磁场永磁电机中，转子为高磁能积的永磁体固定在圆盘形铁心上。定子、转子盘之间存在磁拉力，会使装配过程变得很复杂，并给轴向磁场电机的运行状态带来不利的效果：定子盘和转子盘的运行间隙消失，使定转子发生触碰，使永磁体松散或破损；减小气流排放区域，因此恶化电机的冷却能力；引起的非均匀气隙使电气性能偏离最佳值。

对于无铁心内定子双边 AFPM 电机来说，两个转子盘占整个电机的有效质量约 50%，因此转子盘的优化设计是实现高功率/质量比电机的一个关键因素，需要对转子盘进行机械应力分析，对磁拉力的精确预测是机械应力分析中必不可少的。两个并列放置的转子盘之间的磁拉力可以用下式来计算：

$$F_Z = -\frac{dW}{dg} \approx -\frac{\Delta W}{\Delta g} = -\frac{W_2 - W_1}{g_2 - g_1} \qquad (1.5)$$

式中，W 是储存在电机中总的磁场能量；Δg 是气隙长度的微小变化；W_1 和 W_2 分别是气隙 g_1 和 g_2 中储存的磁场能量，通常通过有限元仿真分析法 FEM 将它们计算出来。

两个并列放置的永磁转子盘之间的磁拉力用解析法计算的表达式为

$$F_Z \approx \frac{1}{2} \times \frac{B_{mg}^2}{\mu_0} S_{PM} \qquad (1.6)$$

$$s_{PM} = \frac{\pi}{4} \alpha_i (D_{out}^2 - D_{in}^2) \qquad (1.7)$$

式中，S_{PM} 为永磁体的有效面积；α_i 为计算极弧系数，等于平均气隙磁通密度 B_{avg} 与最大气隙磁通密度 B_{mg} 的比值；D_{in}、D_{out} 分别为永磁体的内径和外径，等于定子导体的内径和外径；μ_0 为真空磁导率，$\mu_0 = 0.4\pi \times 10^{-6}$H/m。

由于导体中的交流电流和磁场的切向分量之间相互作用会在线圈的每个边上产生一个

轴向磁拉力 f_1 和 f_2，如图 1.23 所示。当定子线圈处在气隙磁场中，定子线圈每边受到的磁拉力会相互抵消。若 AFPM 电机的无定子铁心稍微偏离了气隙的中心，则每个边受到的磁拉力是不一样的，会产生一个不平衡的合力Δf，$\Delta f=|f_1-f_2|$ 作用在定子上，这个不平衡的力会引起额外的振荡，因此给利用环氧树脂来增强定子的机械强度带来不利的影响。

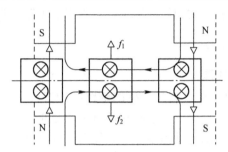

图 1.23　作用在定子线圈上的轴向磁拉力原理图

由于轴向磁拉力的存在，因此电机的装配过程变得比较困难，特别是在有电磁铁心、大功率容量的电机中，要保证均匀气隙有较大的难度。装配过程中必须采取措施平衡转子之间的磁拉力和定子上的不平衡磁拉力。首先，磁极必须牢固地固定在铁心上，以抵抗运行时产生的切向拉力。磁极固定在铁心上的方式有两种：粘贴或用螺杆固定。因为磁极材料和铁心的热系数不相同，很明显粘贴不是一种稳妥的方法。用螺杆将磁极固定的方法要牢固和安全些，但会引起电机中某些量的不对称，如使电动势波形不对称。

有时，人们也可以利用轴向磁拉力来实现某些功能。例如，在新能源电动汽车领域，研究人员提出了一种利用轴向磁拉力来产生制动力的单定子单转子结构的轴向磁场电机。当电机启动时，由于轴向磁拉力的作用，制动弹簧会受到压缩；当电机停止运行时，弹簧会释放出大量的能量，将转子拉回到制动片的位置，从而实现制动。在新能源电动汽车领域，动力系统中可利用两台单定子单转子盘式电机同轴相连，进而平衡轴向磁拉力，而这两台电机分别驱动两个车轮。大型水轮发电机通常使用立式结构，发电机整个转动部分的质量和作用在水轮机转轮上的水推力均由推力轴承支撑。利用单定子单转子 AFPM 电机较大的轴向力，克服转轴上所有部件的重力，把水轮发电机转轴部分吸浮，使轴承受到的压力减小，从而减小启动时的阻力。

1.3.2.3　单个轴向磁场电机的功率限制

随着 AFPM 电机的输出功率增加，相比功率增加的速度，转子和轴之间的接触面积增加得较慢，这样要为大功率电机设计一个机械完整性好的转子—转轴连接就比较困难。因此在设计大功率 AF 电机时要特别注意转轴机械连接处的机械强度，这也是引起轴向磁场电机故障的一个原因。解决这个问题的方案是设计多盘电机。

由于 AFPM 电机的转矩与直径的立方成比例，而 RFPM 电机的转矩与直径的平方和长度的乘积成比例，轴向磁场电机的结构优势会随着功率的增大，或者电机的长径比率的增加而失去。转折点发生在半径等于径向磁场电机长度的 2 倍左右。

另外，轴向磁场电机的缺点还与绕组的结构有关，AFPM 电机结构特殊，如果电机的内径过小，则放置绕组的空间会变小，会挤压绕组或放不下绕组，因此设计时要考虑电机定子盘的内径、外径比值。一般情况下，轴向磁场电机槽满率通常比径向磁场电机的槽满率稍小。

1.3.3　轴向磁场电机的制造特点

在轴向磁场电机的设计和制造过程中，保证定子、转子之间的均匀气隙是至关重要的。因此，将转子盘固定在转轴上，将定子盘固定在机座内的方法很关键。固定方法不恰当，定子、转子装配时没有对齐，将会使电机的气隙不均匀，引起转矩脉动，产生振动和噪声，使电机的电气性能下降。因此在电机的机械设计中要注意以下几个方面。

（1）在设计转轴时，要考虑负载转矩的大小、第一临界速度和轴的动态性能。

（2）在设计转子时，要考虑由于强大磁拉力引起的转子盘偏移；考虑磁极的安装方法，确保转子盘上的永磁磁极不会因承受强大离心力而松散或脱开，特别是在高速时；考虑转子盘受力平衡情况。

（3）在设计定子时，要考虑使用树脂加固的定子和机座有足够的强度和刚度；考虑线圈放置的位置和空间，确保线圈对称，避免定子受到不平衡力的作用。

（4）轴向磁场电机必须保持转子和定子之间的气隙均匀，因为磁拉力远高于径向磁场电机。考虑到在电机制造过程中调节气隙很困难，因此需要精确控制关键部件的制造公差。

（5）在设计工装时，要考虑设计的工具有利于电机的装配，以及维修电机时便于拆卸。

除此之外，还要考虑电机的通风散热条件，确保电机通风良好。

1.4　轴向磁场永磁电机的发展与研究现状

1.4.1　轴向磁场永磁电机的发展

轴向磁场永磁电机最早可追溯到 1821 年法拉第（Faraday）发明的圆盘发电机，也是世界上第一台电机。但电机在运行时定子和转子之间存在很大的轴向吸引力，同时限于当时的永磁体材料性能和定子铁心开槽技术水平等一系列问题，使得轴向磁场永磁电机在制造及应用方面都存在很大的困难，因此慢慢淡出了人们的视野。1837 年，达文波特（Davenport）获得了第一项径向磁场电机（圆柱式电机）专利。因径向磁场电机的制造难度相对较低，因此即使诞生得晚些，还是得到了发展，并被广泛接受。此后的 100 多年间，径向磁场电机便成了主流电机。

传统的径向磁场电机是圆柱式电机，本身也存在着很大的局限性，如齿根处狭窄的瓶颈效应、散热和冷却困难，以及转子铁心利用率低等，尤其是在铁心材料的利用率方面，径向磁场电机更是远小于轴向磁场电机。随着人们对电机的性能要求越来越高，径向磁场电机的缺陷愈发凸显，人们逐渐认识到只有从几何上改变电机的结构，这些问题才能得到根本的解决。随着新型材料的出现和人们对轴向磁场电机研究的深入，轴向磁场电机的优势便显露出来，因此重新获得重视。随着科学技术的不断进步，轴向磁场电机定子和转子铁心之间存在的轴向磁拉力可以通过新的工艺和设计方案得到解决，而 20 世纪 80 年代轴向磁场电机专用铁心冲卷机的问世，更是解决了轴向磁场电机长期以来生产制造困难的问题，更进一步地促进了轴向磁场电机的多样化设计及在各个领域的推广应用。

1.4.2 轴向磁场永磁电机研究现状

国外从 20 世纪 40 年代开始研究轴向磁场电机，70 年代初研制出了轴向磁场直流电机，70 年代末研制出了轴向磁场交流电机。进入 80 年代以后，随着电力电子技术的进步及高磁能积永磁材料的不断完善，促进了轴向磁场永磁（AFPM）电机的快速发展。

1989 年，澳大利亚伍伦贡大学的 PLATT.D 最先设计了一台 4 极 24 槽双定子结构的 AFPM 电机，并通过样机测试验证了设计方案。1992 年，英国曼彻斯特理工大学的 Spooner E 和 Chalmers B J 等学者首次提出了一种无槽轴向磁场永磁无刷直流电机，该电机为双转子结构的，其定子采用环形绕组提高了铜线的利用率，具有较大的功率密度。2001 年，埃因霍芬理工大学的 Sahin F 和 Tuckey A M 等学者设计了一台额定功率为 30kW、转速高达 16000r/min 的双定子 AFPM 电机，对高转速下电机的损耗特性进行了分析研究，并对制作的样机进行了测试。2007 年，英国牛津大学的 Tim W 和 McCulloch M D 两位学者首次提出了一种定子无磁轭模块化（Yokeless And Segmented Armature，YASA）电机，相较于其他拓扑结构的 AFPM 电机，YASA 电机的定子铁心质量下降了近 50%，功率密度提高了约 20%，最大效率可达 95%以上，转矩密度大于 12Nm/kg，非常适合在电机质量和尺寸方面有着严苛要求的应用场合。

2011 年，伊朗 KN 图什理工大学的 Gholamian S A 和 Ardebili M 等学者采用遗传算法对一台 1kW 的 4 极 15 槽的环式双转子 AFPM 电机进行了优化设计，优化目标为电机最大功率密度。2012 年，马来西亚大学的 Mahmoudi A 和 Kahourzade S 等学者采用遗传算法和有限元分析相结合的方法对一台 1kW 的双转子 AFPM 电机进行了优化。文章首先通过遗传算法获得了电机在不同槽数下的最大功率密度，在此基础上首先选择了一台性能最优的电机进行设计，然后针对目标电机，通过改变绕组结构和永磁体斜极等方法，对电机的反电动势波形和齿槽转矩进行了优化，最后对样机进行了试验验证。2016 年，为了在减小电机齿槽转矩的同时能够获得良好的输出性能，Arand S J 等针对 YASA 电机提出了一种径向分割永磁体和周向偏移相结合的方法。2016 年，土耳其 Koc 大学的 Metin A 和 Gulec M 等学者针对无定子铁心 AFPM 电机提出了一种正弦转子段辐条结构，其电机结构如图 1.24 所示。研究结果表明，在磁钢体积相同的情况下，采用这种转子结构的电机相较于传统的表贴式 AFPM 电机可以获得正弦性更高的反电动势波形，同时能够有效地提高电机的转矩密度。

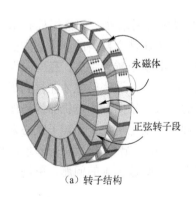

（a）转子结构

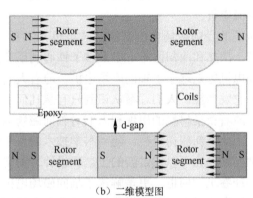

（b）二维模型图

图 1.24　带正弦转子段的无定子铁心 AFPM 电机

相比之下，国内 AFPM 电机的起步较晚，直至 20 世纪 90 年代，一些高校和企业才开始研究，目前尚处于基础研发阶段，尚未得到广泛的推广应用。近年来，随着 AFPM 电机在功率密度和效率等方面的优势不断凸显，国内越来越多的研究人员在不同应用领域对其都进行了深入的研究与开发，对 AFPM 电机的发展应用也起到了一定的推动作用。

1985 年，哈尔滨工业大学的学者提出了一种二维近似计算方法对盘式永磁电机的三维磁场分布进行分析计算，并通过实验证明了该方法的精确度能够满足电机设计的要求。1994 年，华中理工大学学者针对 AFPM 无刷直流发电机提出了一种简化模型，用于分析其气隙磁场，并基于内外直径比及绕组厚度等方面讨论了这种电机的设计方法，最后通过样机实验证明了简化模型和设计方法的正确性。1997 年，沈阳工业大学的唐任远教授在其著作《现代永磁电机理论与设计》中介绍了 AFPM 电机的不同拓扑结构及特点，并详细地列出了 200W 盘式永磁直流电机的电磁计算算例。1998 年，上海大学学者对双定子结构的盘式永磁发电机进行了设计，并采用三维有限元法对电机的磁场进行了分析。2006 年，湖南大学学者设计了一台 5kW、14 极的无槽盘式永磁同步风力发电机，并对其运行特性进行了分析。2012 年，山东大学研究人员设计并制作了一台 300W、16 极 15 槽的双转子无铁心 AFPM 风力发电机，通过搭建风力发电实验平台对样机进行了风力发电实验。2015 年，西安交通大学对一台 510kW、16 极 18 槽的 AFPM 电机进行了建模和仿真，在空载状态下通过改变电枢及磁极参数等方法对电机的齿槽转矩进行了研究，在负载状态下对不同电流激励源和内功率因数角下的电磁转矩波形进行了分析。2020 年，华中科技大学对定子分别采用硅钢片、SMC 和非晶合金（Amorphous Magnetic Metal，AMM）材料的三种多盘式永磁电机进行了对比研究，其示意图如图 1.25 所示。实验结果表明，由于气隙磁阻相对定子磁阻太大，三种电机的输出性能差别不大，但采用非晶材料的电机铁耗最少。2022 年，南京航空航天大学学者针对电推进飞机的电机分别对定子无铁心、无槽和无轭 AFPM 电机进行了研究，并通过仿真及实验详细对比分析了三种不同结构电机的性能，结果表明无槽 AFPM 电机的功率密度和效率更高，更适合应用于电推进飞机。

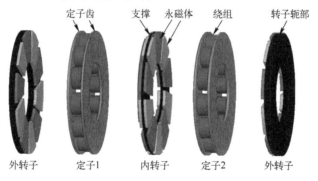

定子齿　　支撑　永磁体　绕组　　　转子轭部

外转子　　定子1　　内转子　　定子2　　外转子

图 1.25　多盘式永磁电机结构示意图

与传统的硅钢片相比，SMC 具有各向同性、涡流损耗少、矫顽力低等优点，对于复杂的零件可以采用整块原料模压成型，因此可以应用于爪极电机和轴向磁场电机等具有三维磁路结构的电机中，同时材料利用率近 100%。然而，SMC 也存在明显的缺点，如磁导率低、磁滞损耗大等，通常需要通过减小铁心体积和缩短铁心磁路长度来降低其对电机性能的影响。因此，为了充分发挥 SMC 的优势，同时克服其缺陷，近年来国内外的研究人员将目光投向了 SMC 和硅钢片的组合铁心电机，并对此展开了相应的研究。

2005 年，有学者首次提出了一种定子铁心采用硅钢片与 SMC 拼接而成的 AFPM 电机，该 AFPM 电机的定子轭部由硅钢片制成，定子齿采用 SMC 制成，将 SMC 的定子齿和定子轭部拼接形成定子铁心。

1.5 新材料在轴向磁场电机中的应用

由于磁路结构的特殊性，轴向磁场电机存在电枢叠片铁心制造困难的难题。但随着新材料的获得和电机制造工艺的进步，以及对轴向磁场电机结构的深入研究，利用非传统的电机结构和新材料的结合使用可为轴向磁场电机开辟一个新的领域。例如，采用实体铁心加工或采用印制的铁心；采用无铁心或无铁心轭的磁路结构；采用粉末型软磁复合材料直接压制成型或利用高性能永磁材料和具有良好热性能/机械性能的塑性材料等。目前，由于成本的原因，具有铁磁性能的塑性材料很少作为电机的结构件来使用。在前沿领域应用中，如航空领域中的太空飞行站，质量小、高效率、高性能的塑性轴向磁场电机得到了应用。

近年来，软磁复合材料（SMC）低频特性的改善使它在电机设计应用中获得了广泛的应用。SMC 和粉末冶金挤压加工的独特优点使复杂结构容易成型。这可以克服传统的有槽叠片定子铁心制造中的一些缺陷。在 SMC 中绝缘的铁粒可以产生等方性的磁性能。因此，在磁极组件设计中可以获得三维磁路，为电机设计者提供了新的设计方法。

1.5.1 软磁复合材料在轴向磁场电机中的应用

1.5.1.1 软磁复合材料的形成

软磁复合材料（SMC）由表面盖有绝缘薄膜的软磁铁粉粒压制而成，如图 1.26 所示。它是将具有良好磁性能的高纯度铁粉与树脂黏合剂混合在一起，经过处理后产生一种具有高密度和高强度且压缩性极好的物质。加工过程：将铁粉和润滑剂混合物进行挤压，在挤压过程中，在粉末间产生了应力，这可以通过在足够高的温度下，对组合件进行热处理来释放。例如，放在空气中，在 2000℃下进行热处理 30min，这样就可以得到一种低成本、高性能且可直接用于粉末金属制造技术的软磁复合材料。为了减少涡流损耗可以在颗粒之间引入绝缘层，绝缘层可以是有机树脂材料或无机材料，这样铁粉粒在电气上彼此绝缘，确保 SMC 有一个高的电阻率，因此绝缘层可以有效地降低涡流损耗，但绝缘层的作用像气隙一样，因而也降低了磁导率。通常用降低绝缘层厚度、提高 SMC 密度和进行热处理消除或减少应力来部分恢复磁导率。

1.5.1.2 软磁复合材料的特性

图 1.27 和图 1.28 分别为 SMC 和硅钢片磁化曲线对比图和铁耗对比图。从图 1.27 中可以看出，SMC 在磁密为 1T 时出现拐点，在 1.5T 时就已达到饱和，相比之下，硅钢片材料在磁密为 1.5T 左右时才刚开始出现拐点，证明了硅钢片材料的导磁性能较 SMC 更好。这主要是因为 SMC 是由绝缘材料包覆铁磁性粉末后黏结而成的，绝缘层的存在使该材料的磁导率降低了。

从图 1.28 中可以看出，在 50Hz 的频率下，SMC 的铁耗比硅钢片材料的铁耗大，而随着频率升高至 400Hz 时，两种材料的铁耗也随之增大，但其大小逐渐接近。这是因为电机铁耗主要由磁滞损耗和涡流损耗组成，其中磁滞损耗与电机的频率成正比，而涡流损耗与频率的平方成正比，因此当铁磁材料应用在高频时，涡流损耗在铁耗中的占比更大。由于 SMC 的磁滞损耗系数比硅钢片材料的大，而其涡流损耗系数却远小于硅钢片材料，所以随着频率的升高，SMC 的涡流损耗也将远小于硅钢片的涡流损耗，其铁耗大小将逐渐接近硅钢片材料的铁耗，甚至将低于硅钢片材料，由此可知，采用 SMC 制成的电机的性能也取决于所使用的频率。另外，从图 1.28 中也可以看出，SMC 和硅钢片的铁耗都与磁通密度成正比关系，随磁通密度的增大而增大。

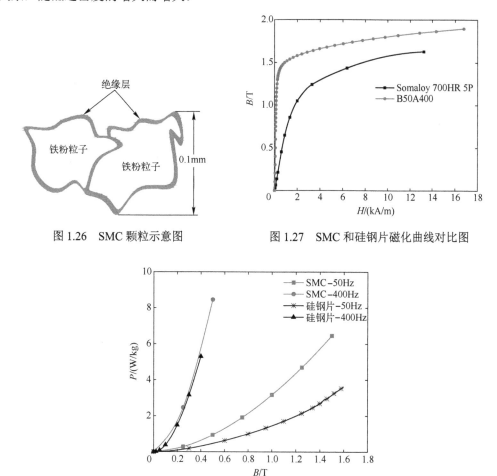

图 1.26 SMC 颗粒示意图   图 1.27 SMC 和硅钢片磁化曲线对比图

图 1.28 SMC 和硅钢片铁耗对比图

总的来说，SMC 的磁性能较硅钢片的磁性能要差些，其磁通密度低于硅钢片的磁通密度，磁滞损耗大于硅钢片的磁滞损耗，尽管涡流损耗较硅钢片的涡流损耗小，但总的铁耗大于硅钢片总的铁耗。SMC 的电阻率、机械性能和磁性能取决于铁粉粒的大小、密度、绝缘层厚度、挤压过程和热处理周期，因此可以调节 SMC 的特性以适合某些应用的特殊要求。

通过上述的对比分析可知，由于特殊的物理结构，SMC 的导磁性能较硅钢片的导磁性能更低，而在低频状态下，其铁耗较硅钢片的铁耗更大，因此常规电机在工频下直接用 SMC 替代硅钢片时，电机效率会降低。另外，由于 SMC 不能进行烧结，所以其机械强度也较低，因此结构强度也将是 SMC 电机设计过程中必须要重点考虑的问题。由此可见，为了更好地利用 SMC 的优势，同时弥补其缺点，SMC-Si 钢组合铁心的方法是个很好的选择。

另外，由于 SMC 的磁滞损耗与所使用的频率成正比，所以 SMC 的开发旨在生产可在较低频率下使用的部件，如电机通常在 50～60Hz 频率下工作，对于直驱轴向磁场电机而言，其频率更低，因此 SMC 特别适合应用于直驱场合，如用作分布式发电领域中的风力发电机、水力发电机，用作驱动的直驱电梯电机等低速领域。

1.5.2　非晶材料在轴向磁场电机中的应用

非晶材料的应用始于 20 世纪 60 年代，研究人员在冶炼金属合金时通过以极快的冷却速度铸造的合金，从而抑制了正常金属晶体的形成，形成了性质不同于一般合金性质的非晶材料。通常非晶材料冷却速率在 $10^6℃/s$ 的范围内，应用最广泛的非晶材料是指非晶态软磁合金，包括铁基、铁钴镍基、钴基和铁镍基等合金。其中，铁基非晶合金具有较高的饱和磁通密度、低铁耗和价格低廉等优点。目前，在高效电机中，定子铁耗在总损耗中所占的比例较大，而非晶材料的铁耗约为普通硅钢片铁耗的 1/10。因此，采用非晶材料可以进一步提高电机的效率。国外已经深入研究了将非晶材料应用于电机的制造，如日立公司生产的 2605SA1 非晶合金，已经批量应用于轴向磁场电机。国内也有少量公司在研究非晶轴向磁场电机，如北极鸥盘式特种电机深圳有限公司。电机的铁心使用非晶材料，非晶铁心的单片厚度为 0.02mm，而普通硅钢片的铁心单片厚度为 0.2mm。相比而言，电机铁心使用非晶材料可以使电机的铁耗降低 75%，并且温升低。文献研究了电动汽车上永磁同步电机铁心采用硅钢片和非晶合金的性能比较，对比了非晶合金电机和硅钢片电机的磁通密度分布和铁耗分布。结果表明，在高速区的非晶电机比硅钢片电机具有铁耗低和效率高的优势。

第2章　轴向磁场永磁同步电机的运行原理

轴向磁场电机和径向磁场电机的主要区别在于磁通通过气隙的路径不一样,因此它们的结构形状也不一样。径向磁场电机呈圆筒形,与长度比直径较小,定子、转子同心式安装;轴向磁场电机呈圆盘形,与长度比直径较大,定子、转子轴向排列。虽然结构不同,但同种类的轴向磁场电机和径向磁场电机的工作原理是相同的,有相同的电磁关系,电机的设计方法也是相似的,然而轴向磁场电机的机械设计和装配过程更加复杂。

本章首先详细阐述轴向磁场永磁同步电机的运行原理,主要针对电机的磁路、电磁转矩、感应电动势、电机的电枢反应、磁路工作点的计算、主要尺寸方程和主要尺寸计算进行分析,然后介绍轴向磁场电机电磁场分析方法,最后对轴向磁场电机和径向磁场电机的功率密度进行比较。

2.1　轴向磁场永磁同步电机的磁路

由第 1 章的分析可知,轴向磁场永磁同步电机的种类很多,分为单定子单转子、双定子单转子、单定子双转子和多盘式电机等,其中双定子单转子和单定子双转子电机为双边结构。双边结构的 AFPM 电机可以平衡不对称磁拉力的影响,被广泛应用。轴向磁场电机的双边结构分为内定子双边结构和内转子双边结构两种,磁路结构主要有两种,即 NN 磁路和 NS 磁路。根据电机的基本结构形式选择不同的磁路结构,可以使电机结构得到简化,电机的制造变得容易,性能得到提高。

2.1.1　单定子单转子 AFPM 电机的磁路

单定子单转子结构的 AFPM 电机相对于双边结构的 AFPM 电机,其结构简单,但产生转矩的能力也差些。图 2.1 所示为单定子单转子 AFPM 电机磁路示意图,从图中可以看出,从 N 极发出的磁力线轴向通过气隙后进入定子齿部,通过定子轭部约一个极距后,再经过另一个齿后沿反方向进入气隙,到达和出发的 N 磁极相邻的 S 极,再通过转子轭部回到 N 极,形成一个闭合回路。轴向磁场永磁同步电机的主磁路与径向磁场电机的主磁路是一样的,因此磁路的计算方法也相似。

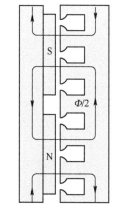

图 2.1　单定子单转子 AFPM
电机磁路示意图

在单定子单转子 AFPM 电机中,永磁体可以粘贴或嵌入在转子盘上,转子盘采用磁性材料制成,永磁体也可以采用 Halbach 阵列排列。当永磁体采用 Halbach 阵列排列时,转子盘不需要用磁性材料。定子铁心采用电磁钢片绕制而成,也可以用软磁复合材料直接加工而成。

2.1.2　双定子单转子 AFPM 电机的磁路

在双定子单转子 AFPM 电机中,电枢绕组固定在外侧两个定子铁心的内表面上,为了减小主磁路的磁阻，定子铁心采用硅钢叠片沿圆周方向叠绕而成，但叠片铁心制造比较困难。为了降低电机制造难度，可以采用软磁复合材料制成的铁心，或者用硅钢叠片和软磁复合材料组合而成，单转子双定子 AFPM 电机均为有定子铁心结构的。永磁体安装在位于两个定子盘之间的转子盘上。永磁体可以粘贴或嵌入在转子盘上，转子盘可以采用磁性材料制成，也可以采用非磁性材料制成。这种电机的有效气隙比较大，有效气隙等于两个机械间隙加上永磁体的厚度，永磁体的相对磁导率接近 1。

　　双定子单转子 AFPM 电机的磁路结构，与转子的结构有关。根据转子中永磁体放置的位置，该电机通常可以分为三种不同的磁路结构，即表贴式、嵌入式和埋入式，其磁路示意图如图 2.2 所示。从图中可以看出，表贴式结构和嵌入式结构的 AFPM 电机永磁体均沿轴向充磁，其主磁通轴向通过中间转子铁心和永磁体，而在转子盘上不存在周向路径。假设电机的磁力线从中间转子的 N 极出发，向上穿过第一个气隙，进入第一个定子盘，在定子轭部沿周向走过一个极距后再反向穿过第一个气隙，返回到转子盘上与出发的 N 极相邻的 S 极，然后沿转子盘另一个方向按照类似的路径回到 N 极，构成一个完整的闭合磁路。

　　对于图 2.2（b）所示嵌入式结构而言，其转子铁心可以不使用磁性材料，而使用铝等非磁性材料来填充永磁体之间的空间，从而有效地提高电机的功率密度。由于转子中没有磁性材料，不存在转子铁耗，电机的惯量很小，非常适用于控制性能要求高的应用场合。

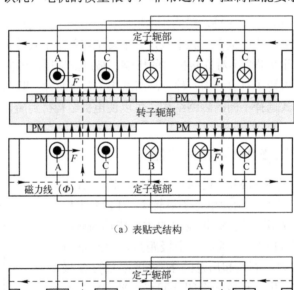

（a）表贴式结构

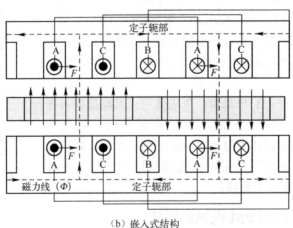

（b）嵌入式结构

图 2.2　双定子单转子 AFPM 电机磁路示意图

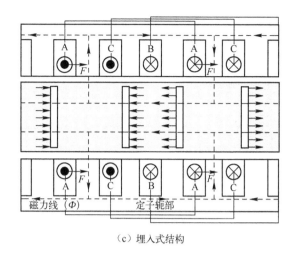

(c) 埋入式结构

图 2.2 双定子单转子 AFPM 电机磁路示意图（续）

相比之下，埋入式结构的永磁体沿切向充磁，电机在转子盘上存在周向路径，如图 2.2（c）所示。由于永磁体深埋在转子铁心中，安装更容易，可以更好地避免永磁体的机械冲击和磨损，但采用埋入式结构电机的转子盘一般较厚，因此整个转子质量增加，延长了电机的启动和停止时间，降低了电机的功率密度。另外，采用埋入式结构时，永磁体被磁性材料包围，散热困难，容易发生不可逆退磁现象。与表贴式结构相比，埋入式结构端部的漏磁和电枢反应更大，因此永磁体的利用率也相对更低。

2.1.3 单定子双转子 AFPM 电机的磁路

在单定子双转子 AFPM 电机中，中间为定子（电枢），两边为转子，永磁体固定在外侧的两个转子盘上。永磁体在转子盘上的安装方法有三种，第一种方法是采用 Halbach 阵列排列的转子磁路结构，如图 2.3 所示，该结构的 AFPM 电机不需要磁性材料制成转子铁心；第二种方法是永磁体埋在磁性材料制成的转子盘上，如图 2.4 所示，埋入式结构的永磁体沿切向充磁；第三种方法如图 2.5 所示，永磁体粘贴在转子盘上，永磁体均沿轴向充磁，其主磁通轴向通过气隙到达中间定子。单定子双转子 AFPM 电机的中间定子可以采用有铁心结构，也可以采用无铁心结构。根据电机的磁路结构，有定子铁心电机可以分为有定子轭和无定子轭两种。绕组可以是分布式绕组、无铁心绕组、环形绕组和扇形绕组。

对于单定子双转子 AFPM 电机，可以形成两种不同的磁路结构，即 NN 磁路结构和 NS 磁路结构。NS 磁路结构中间定子两边的正对面一个为 N 极，另一个为 S 极。电机的主磁通从第一个转子盘上的永磁体 N 极出发，轴向通过第一个气隙和位于中间的定子铁心，再通过第二个气隙到达对面第二个转子盘的 S 极，经过第二个转子盘的轭部到达相邻的 N 极后，再反向通过第二个气隙、中间定子铁心和第一个气隙，回到和第一个转子 N 极相邻的 S 极上，再沿转子轭部返回到出发的 N 极，形成闭合回路，如图 2.5（a）所示。因此，采用 NS 磁路结构，磁力线不需要在中间定子铁心轭部周向流通，可以取消定子轭部，这样就降低了磁性材料的用量和铁耗，提高了电机的功率密度和效率。定子开槽可以减小电机的有效气隙，减少永磁体用量，该结构简称为 NS Torus-S（开槽）型方案，典型的结构有 YASA 结构。

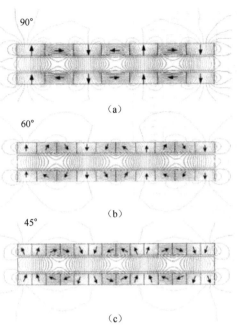

（a）

（b）

（c）

图 2.3 永磁体 Halbach 阵列

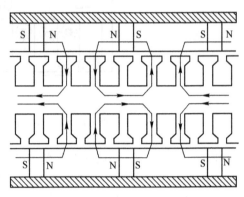

图 2.4 永磁体埋入式单定子双转子 AFPM
电机磁路示意图

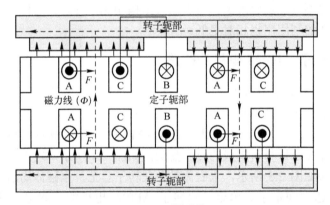

（a）NS磁路结构

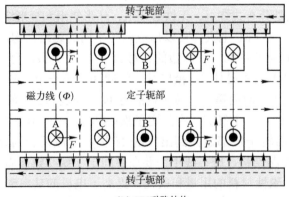

（b）NN磁路结构

图 2.5 永磁体粘贴式双转子 AFPM 电机磁路示意图

NN 磁路结构如图 2.5（b）所示，正对着定子两边的两个磁极同是 N 极或 S 极。电机的主磁通首先从第一个转子盘的永磁体 N 极出发，轴向通过第一个气隙，到达中间定子的齿部，再周向经过中间定子轭部一个极距后，沿相反方向进入第一个气隙，然后到达与出发 N 极相邻的 S 极，最后通过第一个转子的轭部返回到原来出发的 N 极，构成闭合回路。因此，在 NN 磁路结构中，磁力线必须沿着中间定子轭部周向流通，这种结构简称为 NN Torus-S 型方案。为了不使定子轭部的磁路饱和，NN 磁路电机的定子轭部要厚一些。

图 2.4 和图 2.5 均表示有定子铁心且开槽的结构，开槽可以减少电机的气隙，节省永磁体的用量，但由于轴向磁场电机开槽工艺比较复杂，增加了电机的制造难度和电机的成本，因此可以采用钢片沿周向绕制或用粉末烧结而成的无定子槽的环形定子铁心结构，但电机总的有效气隙增加了，电机有效气隙等于实际气隙加上定子绕组和绝缘的厚度，再加上永磁体轴向厚度。

对于 NN 磁路结构，定子绕组可以采用结构简单的环形绕组，如图 1.20 所示，对于 NS 磁路结构，定子绕组只能采用图 1.21 中的扇形绕组。当采用无定子轭部结构时，定子绕组可以制成集中绕组。

2.1.4 多盘式 AFPM 电机的磁路

多盘式 AFPM 电机可以分为有槽结构和无槽结构，有铁心结构和无铁心结构，NN 磁路结构和 NS 磁路结构。由于多盘式 NS 磁路结构电机中间转子盘没有周向路径，只需要固定电机的定子盘，因此转子盘可以做得很薄，其轴向尺寸小有助于提高功率密度和转矩密度。相对于传统径向磁场电机，多盘式 AFPM 电机有很大的优势。因为当传统径向磁场电机采用多定子、多转子结构时，越靠近转轴其定子、转子直径越小，功率密度就越小，电机的装配也就越困难。多盘式 AFPM 电机只需要在两侧安装转子盘或定子盘，安装工艺简单，并且多盘式 AFPM 电机还可以提高电机的功率密度。图 2.6 所示为多盘式 AFPM 电机 NS 磁路结构示意图，磁通从 N 极出发，直接贯穿整个多盘式 AFPM 电机，通过减小定子轭部的体积使多盘式 AFPM 电机整体结构更加紧凑。

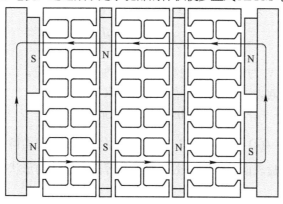

图 2.6 多盘式 AFPM 电机 NS 磁路结构示意图

2.2 轴向磁场永磁同步电机的电磁转矩和感应电动势

2.2.1 电磁转矩

轴向磁场永磁电机定子绕组的有效部分沿径向排列，整个绕组呈辐状分布，所以电机

的极距 $\tau(r)$、极弧宽度 $b_p(r)$、电负荷 $A(r)$ 均随电机半径 r 的变化而变化，且是半径的函数。磁极结构示意图如图 2.7 所示，有效导体在该平面上的位置用半径 r 和极角 θ 表示，轴向磁场电机绕组有效长度方向与 r 轴方向一致，气隙主磁通方向与 Z 轴方向一致。

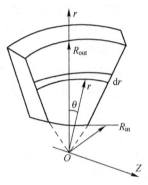

图 2.7　磁极结构示意图

极距可表示为

$$\tau(r) = \frac{\pi r}{p} \tag{2.1}$$

极弧宽度可表示为

$$b_p(r) = \alpha_i \tau(r) = \alpha_i \frac{\pi r}{p} \tag{2.2}$$

$$\alpha_i = \frac{B_{avg}}{B_{mg}} \quad 或 \quad \alpha_i = \frac{b_p(r)}{\tau(r)} \tag{2.3}$$

式中，参数 p 为极对数；α_i 为计算极弧系数，等于平均气隙磁通密度 B_{avg} 和最大气隙磁密 B_{mg} 的比值。α_i 与选择的永磁体形状有关，一般情况下 α_i 与半径无关。

若用 $A_m(r)$ 表示半径 r 处的电负荷（线电流密度），则

$$A_m(r) = \frac{m_1 \sqrt{2} N_1 I_a}{\pi r} \tag{2.4}$$

式中，m_1 为定子相数；N_1 为每相定子绕组匝数；I_a 为电枢相电流。

作用在转子上的切向力可以根据安培环路方程来计算：

$$dF_x = I_a(dr \times \boldsymbol{B}_g) = A(r)(d\boldsymbol{S} \times \boldsymbol{B}_g) \tag{2.5}$$

式中，$I_a dr = A(r)d\boldsymbol{S}$；$A(r) = A_m(r)/\sqrt{2}$；$dr$ 为微半径；$d\boldsymbol{S}$ 为表面微元；$\boldsymbol{B}_g$ 为气隙磁通密度的矢量，垂直于转子盘表面，气隙磁密分布与选择的永磁体的形状有关，实际上也可认为它与转子半径无关。

假定气隙磁密 B_{mg} 与半径 r 无关，$dS=2\pi r dr$，$B_{avg}=\alpha_i B_{mg}$，根据式（2.5），则可得到电磁转矩的方程：

$$dT_{em} = r dF_x = r[k_{\omega 1} A(r) B_{avg} dS] = 2\pi \alpha_i k_{\omega 1} A(r) B_{avg} r^2 dr \tag{2.6}$$

式中，$k_{\omega 1}$ 为基波绕组因数。对于由永磁体励磁按正弦分布的气隙磁密，平均磁密 B_{avg} 为

$$B_{avg} = \frac{1}{\pi/p} \int_0^{\pi/p} B_{mg} \sin(p\alpha) d\alpha = -\frac{p}{\pi} B_{mg} \left[\frac{1}{p} \cos(p\alpha) \right]_0^{\pi/p} = \frac{2}{\pi} B_{mg} \tag{2.7}$$

由永磁体产生的每极磁通 Φ_f 为

$$\Phi_{\mathrm{f}} = \int_{R_{\mathrm{in}}}^{R_{\mathrm{out}}} \alpha_{\mathrm{i}} B_{\mathrm{mg}} \frac{2\pi}{2p} r \mathrm{d}r = \alpha_{\mathrm{i}} \frac{\pi}{p} B_{\mathrm{mg}} \left[\frac{r^2}{2} \right]_{R_{\mathrm{in}}}^{R_{\mathrm{out}}} = \frac{\pi}{2p} \alpha_{\mathrm{i}} B_{\mathrm{mg}} \left(R_{\mathrm{out}}^2 - R_{\mathrm{in}}^2 \right) \tag{2.8}$$

D_{out}、D_{in} 分别为电机定子铁心的外径和内径，分别等于永磁体的外径和内径。设 k_{d} 为转子上永磁体的直径比，即 $k_{\mathrm{d}} = \dfrac{R_{\mathrm{in}}}{R_{\mathrm{out}}} = \dfrac{D_{\mathrm{in}}}{D_{\mathrm{out}}}$，则磁通 Φ_f 为

$$\Phi_{\mathrm{f}} = \frac{\pi}{8p} \alpha_{\mathrm{i}} B_{\mathrm{mg}} D_{\mathrm{out}}^2 (1 - k_{\mathrm{d}}^2) \tag{2.9}$$

在半径 r 处，d 轴的气隙磁导 G_g 为

$$\mathrm{d}G_{\mathrm{g}} = \frac{\mu_0}{g'} \alpha_{\mathrm{i}} \frac{\pi r}{p} \mathrm{d}r \tag{2.10}$$

$$G_{\mathrm{g}} = \frac{\mu_0}{g'} \alpha_{\mathrm{i}} \frac{\pi}{p} \int_{R_{\mathrm{in}}}^{R_{\mathrm{out}}} r \mathrm{d}r = \frac{\mu_0}{g'} \alpha_{\mathrm{i}} \frac{\pi}{p} \left[\frac{r^2}{2} \right]_{R_{\mathrm{in}}}^{R_{\mathrm{out}}} = \lambda_{\mathrm{g}} \alpha_{\mathrm{i}} \frac{\pi}{2p} (R_{\mathrm{out}}^2 - R_{\mathrm{in}}^2) \tag{2.11}$$

式中，$\lambda_{\mathrm{g}} = \mu_0/g'$。

将式（2.4）代入式（2.6）中，可得到轴向磁场电机的平均电磁转矩 T_{em} 微分表达式为

$$\mathrm{d}T_{\mathrm{em}} = 2m_1 \alpha_{\mathrm{i}} I_{\mathrm{a}} N_1 k_{\omega 1} B_{\mathrm{mg}} r \mathrm{d}r \tag{2.12}$$

利用式（2.12）对半径进行积分，得到的平均电磁转矩为

$$T_{\mathrm{em}} = \frac{1}{4} m_1 I_{\mathrm{a}} \alpha_{\mathrm{i}} B_{\mathrm{mg}} N_1 k_{\omega 1} (D_{\mathrm{out}}^2 - D_{\mathrm{in}}^2) = \frac{1}{4} m_1 I_{\mathrm{a}} \alpha_{\mathrm{i}} B_{\mathrm{mg}} N_1 k_{\omega 1} D_{\mathrm{out}}^2 (1 - k_{\mathrm{d}}^2) \tag{2.13}$$

用磁通表示的转矩方程为

$$T_{\mathrm{em}} = \frac{2p}{\pi} m_1 N_1 k_{\omega 1} \Phi_{\mathrm{f}} I_{\mathrm{a}} \tag{2.14}$$

为了获得正弦电流和正弦磁密下的电磁转矩的有效值，将式（2.14）乘以波形系数 1.11 得

$$T_{\mathrm{em}} = \frac{p}{\sqrt{2}} m_1 N_1 k_{\omega 1} \Phi_{\mathrm{f}} I_{\mathrm{a}} = k_{\mathrm{T}} I_{\mathrm{a}} \tag{2.15}$$

式中，k_{T} 为转矩常数。

$$k_{\mathrm{T}} = \frac{p}{\sqrt{2}} m_1 N_1 k_{\omega 1} \Phi_{\mathrm{f}} \tag{2.16}$$

在有些书籍中，作用在转子上的电磁力只是简单的电磁负荷 $B_{\mathrm{avg}} A$ 和永磁体表面积 $S_{\mathrm{PM}} = \pi (R_{\mathrm{out}}^2 - R_{\mathrm{in}}^2)$ 的乘积，即

$$F_x = \pi B_{\mathrm{avg}} A (R_{\mathrm{out}}^2 - R_{\mathrm{in}}^2) \tag{2.17}$$

A 是内径 R_{in} 处的线电流密度有效值，对于双边轴向磁场永磁电机，转矩为

$$T_{\mathrm{em}} = F_x R_{\mathrm{in}} = 2\pi B_{\mathrm{avg}} A R_{\mathrm{out}}^3 (k_{\mathrm{d}} - k_{\mathrm{d}}^3) \tag{2.18}$$

利用电磁转矩 T_{em} 对 k_{d} 进行一阶微分，并令其等于零，得到最大转矩时的 $k_{\mathrm{d}} = 1/\sqrt{3}$，实际工程中很难得到。

2.2.2 感应电动势

空载时的感应电动势可以通过对基波磁通进行微分后乘以 $N_1 k_{\omega 1}$ 得到。设基波磁通的表

达式为

$$\Phi_{f1} = \Phi_f \sin \omega t \tag{2.19}$$

则感应电动势的瞬时值为

$$e_f = N_1 k_{\omega 1} \frac{d\Phi_{f1}}{dt} = 2\pi f N_1 k_{\omega 1} \Phi_f \cos \omega t \tag{2.20}$$

电动势的有效值为

$$E_f = \sqrt{2}\pi f N_1 k_{\omega 1} \Phi_f = \frac{\sqrt{2}}{60} \pi p N_1 k_{\omega 1} \Phi_f n_s = k_E \Phi_f n_s \tag{2.21}$$

电动势常数 k_E 为

$$k_E = \frac{\sqrt{2}}{60} \pi p N_1 k_{\omega 1} \tag{2.22}$$

式（2.21）和式（2.22）中，$k_{\omega 1}$ 为基波绕组因数；n_s 为电机的同步转速。

2.3 轴向磁场永磁同步电机的电枢反应

轴向磁场电机和径向磁场电机的工作原理相同，永磁同步电机和电励磁同步电机有着相似的内部电磁关系，因此轴向磁场电机的电磁关系也可以采用双反应理论来分析。

2.3.1 电枢反应系数

定子（电枢）产生的磁通可以用类似电励磁磁场的方程式表示，即 d 轴和 q 轴的电枢反应磁通 Φ_{ad} 和 Φ_{aq} 可分别为

$$\Phi_{ad} = \frac{2}{\pi} B_{mad1} \frac{\pi}{2p} (R_{out}^2 - R_{in}^2) = \frac{1}{p} B_{mad1} (R_{out}^2 - R_{in}^2) \tag{2.23}$$

$$\Phi_{aq} = \frac{2}{\pi} B_{maq1} \frac{\pi}{2p} (R_{out}^2 - R_{in}^2) = \frac{1}{p} B_{maq1} (R_{out}^2 - R_{in}^2) \tag{2.24}$$

式中，B_{mad1} 为定子（电枢反应）气隙基波磁密 d 轴分量的峰值；B_{maq1} 为定子（电枢反应）气隙基波磁密 q 轴分量的峰值。d 轴、q 轴定子磁链方程分别如式（2.25）和式（2.26）所示。

d 轴：

$$\begin{aligned}\Psi_d &= \frac{1}{\sqrt{2}} N_1 k_{\omega 1} \Phi_{ad} = \frac{1}{\sqrt{2}} N_1 k_{\omega 1} \frac{2}{\pi} B_{mad1} \frac{\pi}{p} \times \frac{R_{out}^2 - R_{in}^2}{2} \\ &= \frac{1}{\sqrt{2}p} N_1 k_{\omega 1} B_{mad1} (R_{out}^2 - R_{in}^2)\end{aligned} \tag{2.25}$$

q 轴：

$$\begin{aligned}\Psi_q &= \frac{1}{\sqrt{2}} N_1 k_{\omega 1} \Phi_{aq} = \frac{1}{\sqrt{2}} N_1 k_{\omega 1} \frac{2}{\pi} B_{maq1} \frac{\pi}{p} \times \frac{R_{out}^2 - R_{in}^2}{2} \\ &= \frac{1}{\sqrt{2}p} N_1 k_{\omega 1} B_{maq1} (R_{out}^2 - R_{in}^2)\end{aligned} \tag{2.26}$$

式中，N_1 为每相定子绕组的匝数；$k_{\omega 1}$ 为基波绕组因数。

忽略磁路饱和，定子磁密 d 轴、q 轴的基波分量分别为

d 轴： $\quad B_{\mathrm{ma}d1} = k_{\mathrm{f}d}B_{\mathrm{ma}d} = k_{\mathrm{f}d}\lambda_d F_{\mathrm{a}d} = k_{\mathrm{f}d}\dfrac{\mu_0}{g'_d} \times \dfrac{m_1\sqrt{2}}{\pi} \times \dfrac{N_1 k_{\omega 1}}{p} I_{\mathrm{a}d}$ (2.27)

q 轴： $\quad B_{\mathrm{ma}q1} = k_{\mathrm{f}q}B_{\mathrm{ma}q} = k_{\mathrm{f}q}\lambda_q F_{\mathrm{a}q} = k_{\mathrm{f}q}\dfrac{\mu_0}{g'_q} \times \dfrac{m_1\sqrt{2}}{\pi} \times \dfrac{N_1 k_{\omega 1}}{p} I_{\mathrm{a}q}$ (2.28)

式中，m_1 为定子相数；$I_{\mathrm{a}d}$ 和 $I_{\mathrm{a}q}$ 分别为定子（电枢）电流的 d 轴和 q 轴分量。d 轴和 q 轴单位面积磁导分别为

$$\begin{aligned} \lambda_d &= \frac{\mu_0}{g'_d} \\ \lambda_q &= \frac{\mu_0}{g'_q} \end{aligned}$$ (2.29)

d 轴和 q 轴气隙磁导分别为

$$\begin{aligned} \Lambda_d &= \frac{\mu_0}{g'_d} \times \frac{1}{p}(R_{\mathrm{out}}^2 - R_{\mathrm{in}}^2) \\ \Lambda_q &= \frac{\mu_0}{g'_q} \times \frac{1}{p}(R_{\mathrm{out}}^2 - R_{\mathrm{in}}^2) \end{aligned}$$ (2.30)

式（2.27）和式（2.28）中的 $k_{\mathrm{f}d}$ 和 $k_{\mathrm{f}q}$ 分别为 d 轴和 q 轴的电枢反应波形系数，其定义为电枢反应磁通密度基波幅值与电枢反应磁通密度最大值之比，即

$$\begin{aligned} k_{\mathrm{f}d} &= \frac{B_{\mathrm{ma}d1}}{B_{\mathrm{ma}d}} \\ k_{\mathrm{f}q} &= \frac{B_{\mathrm{ma}q1}}{B_{\mathrm{ma}q}} \end{aligned}$$ (2.31)

2.3.2 等效气隙长度

针对表贴式永磁体，分析 d 轴和 q 轴的等效气隙长度计算公式。

（1）对于有定子铁心的电机，d 轴和 q 轴的等效气隙长度分别为

$$g'_d = g k_{\mathrm{C}} k_{\mathrm{sat}d} + \frac{h_{\mathrm{M}}}{\mu_{\mathrm{r}}}$$ (2.32)

$$g'_q = g k_{\mathrm{C}} k_{\mathrm{sat}q} + h_{\mathrm{M}}$$ (2.33)

（2）对于无定子铁心的电机，d 轴和 q 轴的等效气隙长度分别为

$$g'_d = 2\left[(g + 0.5 L_{\mathrm{w}}) + \frac{h_{\mathrm{M}}}{\mu_{\mathrm{r}}}\right]$$ (2.34)

$$g'_q = 2[(g + 0.5 L_{\mathrm{w}}) + h_{\mathrm{M}}]$$ (2.35)

式中，L_{w} 为定子绕组轴向长度；h_{M} 为永磁体轴向充磁长度；μ_{r} 为永磁材料相对磁导率。考虑到开槽的影响，开槽铁心的气隙（机械气隙）增加了一个卡特系数 k_{C}（$k_{\mathrm{C}} > 1$）；考虑到磁路饱和，可以增加饱和系数（$k_{\mathrm{sat}d} > 1$，对 d 轴；$k_{\mathrm{sat}q} > 1$，对 q 轴）。对于无定子铁心而言，转子磁性铁盘（铁心）饱和的影响可以忽略不计。

2.3.3　电枢反应电抗

d 轴与 q 轴的磁动势分别为

$$F_{ad} = \frac{m_1\sqrt{2}}{\pi} \times \frac{N_1 k_{\omega 1}}{p} I_{ad} \qquad (2.36)$$

$$F_{aq} = \frac{m_1\sqrt{2}}{\pi} \times \frac{N_1 k_{\omega 1}}{p} I_{aq} \qquad (2.37)$$

d 轴、q 轴电枢反应电感分别为

$$d\text{ 轴：} \quad L_{ad} = \frac{\psi_d}{I_{ad}} = m_1\mu_0 \frac{1}{\pi}\left(\frac{N_1 k_{\omega 1}}{p}\right)^2 \frac{R_{out}^2 - R_{in}^2}{g_d'} k_{fd} \qquad (2.38)$$

$$q\text{ 轴：} \quad L_{aq} = \frac{\psi_q}{I_{aq}} = m_1\mu_0 \frac{1}{\pi}\left(\frac{N_1 k_{\omega 1}}{p}\right)^2 \frac{R_{out}^2 - R_{in}^2}{g_q'} k_{fq} \qquad (2.39)$$

对于 $\mu_r \approx 1$ 的表贴式磁钢（$k_{fd} = k_{fq} = 1$），d 轴和 q 轴的电枢反应电感相等，即

$$L_a = L_{ad} = L_{aq} = m_1\mu_0 \frac{1}{\pi}\left(\frac{N_1 k_{\omega 1}}{p}\right)^2 \frac{R_{out}^2 - R_{in}^2}{g_d'} \qquad (2.40)$$

对于其他结构形式，d 轴和 q 轴磁动势方程将包含一个电枢反应因数 k_{fd}，$k_{fd} \neq k_{fq}$。

d 轴和 q 轴的电枢反应电动势为

$$E_{ad} = \pi\sqrt{2} f N_1 k_{\omega 1} \Phi_{ad} \qquad (2.41)$$

$$E_{aq} = \pi\sqrt{2} f N_1 k_{\omega 1} \Phi_{aq} \qquad (2.42)$$

式中，d 轴、q 轴电枢反应磁通 Φ_{ad} 和 Φ_{aq} 根据式（2.23）和式（2.24）所得。

d 轴、q 轴电枢反应电抗分别可以用电枢反应电动势 E_{ad}、E_{aq} 除以电枢电流 I_{ad} 和 I_{aq} 计算得到，即

$$d\text{ 轴：} \quad X_{ad} = 2\pi f L_{ad} = \frac{E_{ad}}{I_{ad}} = 2m_1\mu_0 f\left(\frac{N_1 k_{\omega 1}}{p}\right)^2 \frac{R_{out}^2 - R_{in}^2}{g_d'} k_{fd} \qquad (2.43)$$

$$q\text{ 轴：} \quad X_{aq} = 2\pi f L_{aq} = \frac{E_{aq}}{I_{aq}} = 2m_1\mu_0 f\left(\frac{N_1 k_{\omega 1}}{p}\right)^2 \frac{R_{out}^2 - R_{in}^2}{g_q'} k_{fq} \qquad (2.44)$$

正弦波永磁同步电机的同步电抗为电枢反应电抗和定子漏抗之和，d 轴、q 轴同步电抗 X_{sd}、X_{sq} 分别为

$$\begin{aligned} X_{sd} &= X_{ad} + X_1 \\ X_{sq} &= X_{aq} + X_1 \end{aligned} \qquad (2.45)$$

式中，X_1 为电枢（定子）的漏抗。定子漏抗等于槽漏抗 X_{1s}、端部漏抗 X_{1e} 和差漏抗 X_{1d} 之和，差漏抗也被称为谐波漏抗。

$$\begin{aligned} X_1 &= X_{1s} + X_{1e} + X_{1d} \\ &= 4\pi f \mu_0 \frac{L_i N_1^2}{p q_1}\left(\lambda_{1s} k_{1X} + \frac{l_{1in}}{L_a}\lambda_{1ein} + \frac{l_{1out}}{L_a}\lambda_{1eout} + \lambda_{1d}\right) \end{aligned} \qquad (2.46)$$

式中，N_1 为每相绕组匝数；L_a 为电枢铁心长度；k_{1X} 为槽漏抗集肤效应系数，l_{1in} 为定子绕组

内端部连接长度；l_{1out} 为定子绕组外端部连接长度；λ_{1s} 为槽比漏磁导；λ_{1ein} 为内端部比漏磁导，λ_{1eout} 为外端部比漏磁导；λ_{1d} 为谐波比漏磁导。轴向磁场电机的定子槽形如图 2.8 所示。

对于图 2.8（a）所示的矩形半开口槽：

$$\lambda_{1s} = \frac{h_{11}}{3b_{11}} + \frac{h_{12}}{b_{11}} + \frac{2h_{13}}{b_{11} + b_{14}} + \frac{h_{14}}{b_{14}} \tag{2.47}$$

对于图 2.8（b）所示的矩形开口槽：

$$\lambda_{1s} \approx \frac{h_{11}}{3b_{11}} + \frac{h_{12} + h_{13} + h_{14}}{b_{11}} \tag{2.48}$$

对于图 2.8（c）所示的椭圆形半开口槽：

$$\lambda_{1s} \approx 1.1424 + \frac{h_{11}}{3b_{11}} + \frac{h_{12}}{b_{12}} + 0.5\arcsin\sqrt{1 - \left(b_{14} / b_{12}\right)^2} + \frac{h_{14}}{b_{14}} \tag{2.49}$$

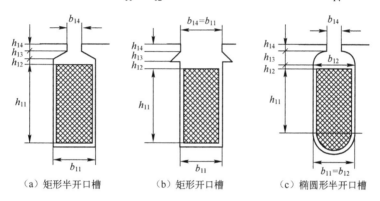

（a）矩形半开口槽　　　（b）矩形开口槽　　　（c）椭圆形半开口槽

图 2.8　轴向磁场电机的定子槽形

式（2.27）～式（2.49）是针对单层绕组槽漏磁导的计算公式。对于双层绕组，还需要乘以一个系数 $(3K_y+1)/4$，K_y 为线圈节距与极距的比值，称为节距系数。

对于双层、低压、小中容量的轴向磁场电机，内端部和外端部的比漏磁导分别可用式（2.50）和式（2.51）表示。

内端部比漏磁导：

$$\lambda_{1ein} \approx 0.17q_1\left(1 - \frac{\pi}{2} \times \frac{w_{cin}}{l_{1in}}\right) \tag{2.50}$$

外端部比漏磁导：

$$\lambda_{1eout} \approx 0.17q_1\left(1 - \frac{\pi}{2} \times \frac{w_{cout}}{l_{1out}}\right) \tag{2.51}$$

式中，w_{cin} 为内端部线圈跨度；w_{cout} 为外端部线圈跨度。绕组内、外端部比漏磁导之和为 λ_{1e}。一般情况下，大部分绕组的端部比漏磁导可近似为 $\lambda_{1e} \approx 0.3q$。

谐波比漏磁导为

$$\lambda_{1d} = \frac{m_1 q \tau k_{w1}^2}{\pi^2 g' k_{sat}} \tau_{d1} \tag{2.52}$$

式中，k_{sat} 为磁路的饱和系数；τ_{d1} 为差漏磁导系数，在实际中可表示为

$$\tau_{d1} = \frac{\pi^2(10q^2+2)}{27}\sin\left(\frac{30°}{q}\right) - 1 \tag{2.53}$$

对于有槽定子绕组还要加上一个齿端比漏磁导 λ_{1t}:

$$\lambda_{1t} \approx \frac{5g/b_{14}}{5+4g/b_{14}} \tag{2.54}$$

表 2.1 所示为传统径向柱式电机和轴向盘式电机的电枢反应方程比较。

表 2.1　传统径向柱式电机和轴向盘式电机的电枢反应方程比较

物理量	传统径向柱式电机	轴向盘式电机
d 轴电枢反应磁通	$\Phi_{ad} = \frac{2}{\pi}B_{mad1}\tau L_{eff}$	$\Phi_{ad} = \frac{2}{\pi}B_{mad1}\frac{\pi}{2p}(R_{out}^2 - R_{in}^2)$
q 轴电枢反应磁通	$\Phi_{aq} = \frac{2}{\pi}B_{maq1}\tau L_{eff}$	$\Phi_{aq} = \frac{2}{\pi}B_{maq1}\frac{\pi}{2p}(R_{out}^2 - R_{in}^2)$
d 轴气隙磁导	$\Lambda_d = \frac{\mu_0}{g_d'} \times \frac{2}{\pi}\tau L_{eff}$	$\Lambda_d = \frac{\mu_0}{g_d'} \times \frac{2}{\pi} \times \frac{\pi}{2p}(R_{out}^2 - R_{in}^2)$
q 轴气隙磁导	$\Lambda_q = \frac{\mu_0}{g_q'} \times \frac{2}{\pi}\tau L_{eff}$	$\Lambda_q = \frac{\mu_0}{g_q'} \times \frac{2}{\pi} \times \frac{\pi}{2p}(R_{out}^2 - R_{in}^2)$
d 轴单位面积磁导	$\lambda_d = \frac{\mu_0}{g_d'}$	
q 轴单位面积磁导	$\lambda_q = \frac{\mu_0}{g_q'}$	
d 轴电枢反应电抗	$X_{ad} = 4m_1\mu_0 f\frac{(N_1 k_{\omega1})^2}{\pi p} \times \frac{\tau L_{eff}}{g_d'}k_{fd}$	$X_{ad} = 2m_1\mu_0 f\left(\frac{N_1 k_{\omega1}}{p}\right)^2 \frac{R_{out}^2 - R_{in}^2}{g_d'}k_{fd}$
q 轴电枢反应电抗	$X_{ad} = 4m_1\mu_0 f\frac{(N_1 k_{\omega1})^2}{\pi p} \times \frac{\tau L_{eff}}{g_q'}k_{fq}$	$X_{aq} = 2m_1\mu_0 f\left(\frac{N_1 k_{\omega1}}{p}\right)^2 \frac{R_{out}^2 - R_{in}^2}{g_q'}k_{fq}$
d 轴电枢反应电感	$L_{ad} = 2m_1\mu_0 \frac{(N_1 k_{\omega1})^2}{\pi^2 p} \times \frac{\tau L_{eff}}{g_d'}k_{fd}$	$L_{ad} = m_1\mu_0 \frac{1}{\pi}\left(\frac{N_1 k_{\omega1}}{p}\right)^2 \frac{R_{out}^2 - R_{in}^2}{g_d'}k_{fd}$
q 轴电枢反应电感	$L_{ad} = 2m_1\mu_0 \frac{(N_1 k_{\omega1})^2}{\pi^2 p} \times \frac{\tau L_{eff}}{g_q'}k_{fq}$	$L_{aq} = m_1\mu_0 \frac{1}{\pi}\left(\frac{N_1 k_{\omega1}}{p}\right)^2 \frac{R_{out}^2 - R_{in}^2}{g_q'}k_{fq}$

2.4　永磁材料的性能和电机磁路工作点的计算

2.4.1　永磁材料的性能

永磁材料的磁性能关系到电机的性能，评价永磁材料磁性能的主要参数有三个，即剩磁密度 B_r、矫顽力 H 和磁能积 $(BH)_{max}$。像其他磁性材料一样，永磁体也可以用 B-H 磁滞回路来描述，如图 2.9 所示。与形成电机和变压器铁心的软磁材料不一样的是，永磁材料有一个宽的磁滞回路，因此永磁材料也被称为硬磁材料。另外，永磁电机是利用永磁体磁势来建立磁场的，不需要在励磁绕组中通以励磁电流来建立磁场，即没有外加的磁场，所以永磁电机工作在第二象限的退磁曲线上。当在原来磁化的永磁材料上施加一个负的磁场强度时，永磁材料的剩磁密度会下降，如从 B_r 点下降到 K 点，当负的磁场强度被移去时，剩磁密度不会按原来的路径返回，而是按稍低的曲线回到 L 点，由此可见，施加负的磁场强度会使剩磁密度减小，再次施加负的磁场强度，剩磁密度再次沿着另一路径减小，回到之前 K 点附近，形成一个小的磁滞回路。小的磁滞回路通常可以用一条直线 KL 来近似，称为回复线。当施加负的磁场强度 H 超过 K 点对应的磁场强度时，剩磁密度将继续减小到低于 K 点对应的剩磁密度。移去磁场强度 H 将会建立一个低于原来回复线的一个新的回复线。

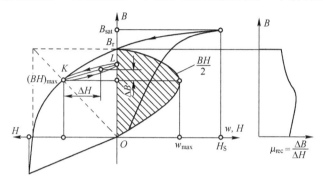

图 2.9　永磁材料的退磁曲线

有的稀土永磁材料，退磁曲线上半部分为直线，下半部分急剧下降，出现拐点。当退磁磁场强度不超过拐点时，回复线与退磁曲线的直线段重合；当退磁磁场强度超过拐点时，新的回复线 KL 就不再与退磁曲线重合了。

退磁曲线上任意一点磁密与磁场强度的比值称为回复磁导率，用 μ_{rec} 表示。回复线的平均斜率 $|\Delta B/\Delta H|$ 与真空磁导率的比值称为相对磁导率，用 μ_r 表示。

$$\mu_r = \frac{1}{\mu_0} \times \left| \frac{\Delta B}{\Delta H} \right| = \frac{\mu_{rec}}{\mu_0} \tag{2.55}$$

磁性材料在外磁场作用下被磁化，产生磁感应强度 B。

$$B = \mu_0 H + \mu_0 M \tag{2.56}$$

式中，M 为磁化强度，是单位体积磁性材料内各磁畴磁矩的矢量和。$\mu_0 M = B_i$ 为物质磁化后内在的磁感应强度，$B_i = f(H)$ 为内禀退磁曲线。内禀退磁曲线与退磁曲线的关系如图 2.10 所示。

$$B_i = B - \mu_0 H \tag{2.57}$$

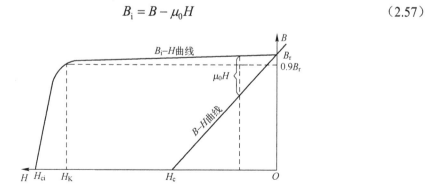

图 2.10　内禀退磁曲线与退磁曲线的关系

内禀退磁曲线有两个重要的参数，即内禀矫顽力 H_{ci}，反映永磁材料抗去磁能力；临界

磁场强度 H_k，对应于 $B_i = 0.9B_r$ 时的退磁磁场强度，反映了内禀退磁曲线的矩形度，曲线矩形度越好，磁性能越稳定。

　　轴向磁场永磁电机与径向磁场永磁电机一样，永磁体磁通通过气隙及铁心回到永磁体，成为闭合回路，气隙是永磁体主要的负载。永磁体产生的总磁通 Φ_m 分为主磁通 Φ_g 和漏磁通 Φ_σ 两部分。永磁体以外的磁路为外磁路，负载时主磁路中增加了电枢磁动势 F_a。F_a 起增磁或去磁作用，永磁电机负载时的等效磁路如图 2.11 所示。永磁体向外磁路提供的总磁通 Φ_m 与外磁路的主磁通 Φ_g 之比称为漏磁系数 σ，是一个大于 1 的数，它随主磁路饱和程度的改变而改变。

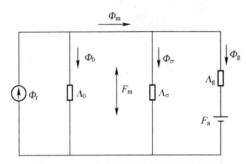

图 2.11　永磁电机负载时的等效磁路

$$\sigma = \frac{\Phi_m}{\Phi_g} = \frac{\Phi_\sigma + \Phi_g}{\Phi_g} = 1 + \frac{\Phi_\sigma}{\Phi_g} \tag{2.58}$$

$$\sigma = \frac{\Phi_m}{\Phi_g} = \frac{B_m S_{PM}}{B_g K_F S_g} \tag{2.59}$$

　　其中，

$$S_{PM} = \frac{1}{8p}\pi\alpha_P(D_{out}^2 - D_{in}^2) \tag{2.60}$$

$$S_g = \frac{1}{8p}K_F\pi\alpha_i(D_{out}^2 - D_{in}^2) \tag{2.61}$$

式中，α_i 为计算极弧系数；α_p 为极弧系数，对于轴向磁场永磁电机，一般可以近似取 $\alpha_i \approx \alpha_p$；$K_F$ 为气隙磁密分布系数；D_{out} 为永磁体的外直径；D_{in} 为永磁体的内直径；S_{PM} 为永磁体提供的每极磁通面积；S_g 为每极气隙有效面积。

2.4.2　轴向磁场永磁同步电机磁路工作点的计算

　　虽然轴向磁场永磁电机有不同的拓扑结构，但是主磁路都是由轴向路径和周向路径组成的。周向路径在定子和转子轭部中，轴向路径主要在气隙和永磁体中，主磁路穿过轴向路径和周向路径形成闭合回路。假设电机磁性材料磁导率为无穷大，磁路不饱和，周向路径中的磁压降可以被忽略，同时忽略电枢反应，则

$$\frac{B_r}{\mu_{rec}}h_M = \frac{B_g}{\mu_{rec}}h_M + \frac{B_g}{\mu_0}g \tag{2.62}$$

$$B_g \approx \frac{B_r h_M}{h_M + \mu_r g} = \frac{B_r}{1 + \mu_r g / h_M} \tag{2.63}$$

式中，B_r 为永磁体剩磁密度；g 为气隙长度；h_M 为永磁体厚度；B_g 为气隙磁通密度；u_0 为真空中的磁导率。

回复线与外磁路的磁化特性的交点，即永磁电机的工作点。可以计算出永磁体的工作点磁密为

$$B_m = \frac{\sigma K_F B_r}{\sigma K_F + \mu_r \dfrac{g}{h_M}} \qquad (2.64)$$

2.5 轴向磁场永磁同步电机主要尺寸方程和主要尺寸的计算

轴向磁场永磁同步电机的结构和径向磁场永磁同步电机的结构虽不相同，但运行理论是相同的，电磁设计方法也相似。进行电磁设计时，首先要通过电机的尺寸方程确定电机的主要尺寸。

2.5.1 主要尺寸方程

为了获得内转子双边定子轴向磁场永磁同步电机的主要尺寸，首先进行如下假设。

（1）已知电负荷和磁负荷。

（2）每个定子每相匝数为 N_1。

（3）定子绕组中每相电枢电流为 I_a。

（4）每个定子绕组每相反电动势为 E_f。

每个定子的平均半径处的最大线电流密度可用式（2.65）表示，其中直径用平均外径 D 来表示。

$$D = 0.5(D_{out} + D_{in}) = 0.5 D_{out}(1 + k_d) \qquad (2.65)$$

因此，每个定子的平均半径处的最大线电流密度为

$$A_m = \frac{4\sqrt{2} m_1 I_a N_1}{\pi D_{out}(1 + k_d)} \qquad (2.66)$$

转子励磁磁通在定子绕组中的感应电动势 EMF 可以表示为

$$
\begin{aligned}
E_f &= \sqrt{2}\pi p N_1 k_{\omega 1} \Phi_f n_s = \sqrt{2}\pi p N_1 k_{\omega 1} n_s \alpha_i B_{mg} \frac{\pi}{8p} D_{out}^2 (1 - k_d^2) \\
&= \frac{\sqrt{2}\pi^2}{8p} N_1 k_{\omega 1} n_s \alpha_i B_{mg} D_{out}^2 (1 - k_d^2)
\end{aligned}
\qquad (2.67)
$$

两个定子中的视在电磁功率为

$$
\begin{aligned}
S_{em} &= m_1 (2E_f) I_a = m_1 E_f (2I_a) \\
&= \frac{2\sqrt{2}\pi^2}{8p} m_1 I_a N_1 k_{\omega 1} n_s \alpha_i B_{mg} D_{out}^3 (1 - k_d^2) \\
&= \frac{4\sqrt{2}\pi^3}{16p} \times \frac{m_1 I_a N_1}{\pi D_{out}(1 + k_d)} k_{\omega 1} n_s \alpha_i B_{mg} D_{out}^3 (1 - k_d^2)(1 + k_d) \\
&= \pi^3 A_m k_{\omega 1} n_s \alpha_i B_{mg} D_{out}^3 k_D
\end{aligned}
\qquad (2.68)
$$

当两个定子绕组采用串联接法时，电动势等于 $2E_f$，采用并联接法时，电枢电流等于

$2I_a$，对于多盘电机，式（2.68）中的 2 可以用定子的盘数来代替。

其中：

$$k_D = \frac{1}{16}(1+k_d)(1-k_d^2)$$ （2.69）

视在电磁功率 S_{em} 也可以用有功功率来表示：

$$S_{em} = \varepsilon_0 \frac{p_{out}}{\eta \cos\varphi}$$ （2.70）

式中，ε_0 为相电动势和相电压的比值，即

$$\varepsilon_0 = \frac{E_f}{U_1}$$ （2.71）

对于电动机，$\varepsilon_0 < 1$；对于发电机，$\varepsilon_0 > 1$。结合式（2.68）和式（2.70），得到轴向磁场电机的主要尺寸方程：

$$D_{out}^3 = \frac{\varepsilon_0 P_{out}}{\pi^3 k_{\omega 1} n_s \alpha_i A_m B_{mg} k_D \eta \cos\varphi}$$ （2.72）

2.5.2　主要尺寸的计算

由式（2.72）可知，永磁体的外径是轴向磁场电机最重要的结构参数。永磁体外径（等于定子铁心的外径）为

$$D_{out} = \sqrt[3]{\frac{\varepsilon_0 P_{out}}{\pi^3 k_{\omega 1} n_s \alpha_i A_m B_{mg} k_D \eta \cos\varphi}}$$ （2.73）

因为 $D_{out} \propto \sqrt[3]{P_{out}}$，输出功率增加的速度比外径的速度增加得快，这就是小功率轴向磁场电机也有较大直径的原因，因此轴向磁场电机采用中等和大功率电机时优势比较明显些。

轴向磁场电机的电磁转矩与 D_{out}^3 成正比，与电机的轴向长度无关。径向磁场电机的电磁转矩与电枢直径的平方成正比，还与轴向长度成正比。因此轴向磁场电机有大的电磁转矩。

在大多数轴向磁场电机中，内外径比值 k_d 是一个显著影响电机性能的设计参数。最佳 k_d 值要根据不同的优化目标来确定，而且给定的电负荷和磁负荷相同，甚至优化的目标也相同，最佳 k_d 值也会因额定功率、极对数、变流器频率的不同而变化。若涉及不同的材料或不同的结构，则最佳 k_d 值会显著发生变化。

选择了适当的 k_d 值和其他参数后，从式（2.73）就可以得到电枢外表面的直径 D_{out}，电枢的内径也可以确定了。

对于双定子单转子轴向磁场电机，电机的轴向长度 L_e 为

$$L_e = L_r + 2L_s + 2g$$ （2.74）

转子的轴向长度 L_r 取决于聚磁系数 K_{foc} 和极对数 p，即

$$L_r = \frac{\pi}{16p} D_{out}(1+k_d)\frac{K_{foc}}{K_d}$$ （2.75）

式中，K_d 为通过有限元研究或通过实际经验得到的永磁电机的漏磁系数。

定子的轴向长度 L_s 为

$$L_s = d_{cs} + d_{ss} \quad\quad (2.76)$$

式中，d_{cs} 为定子铁心轭的厚度；d_{ss} 为定子槽的深度。它们分别由式（2.77）和式（2.78）决定。

$$d_{cs} = \frac{\pi}{16p} D_{out}(1 + k_d) K_{foc} \frac{B_u}{B_{cs}} \quad\quad (2.77)$$

$$d_{ss} = \frac{A}{2J_s K_{cu}} \times \frac{1 + k_d}{k_d} \quad\quad (2.78)$$

式中，B_u 为永磁体表面所获得的磁密；B_{cs} 为定子铁心的磁密，K_{cu} 为电机有功损耗系数。因此得到轴向长度为

$$L_e = \frac{\pi}{16p} D_{out}(1 + k_d) K_{foc}\left(\frac{1}{K_d} + 2\frac{B_u}{B_{cs}}\right) + \frac{A}{J_s K_{cu}} \times \frac{1 + k_d}{k_d} + 2g \quad\quad (2.79)$$

由此可以得到，轴向磁场双定子永磁同步电机的高宽比 K_L 为

$$K_L = \left[\frac{\pi}{16p}(1 + k_d) K_{foc}\left(\frac{1}{K_d} + 2\frac{B_u}{B_{cs}}\right) + \frac{1}{D_{out}}\left(\frac{A}{J_s K_{cu}} \times \frac{1 + k_d}{k_d} + 2g\right)\right]^{-1} \quad\quad (2.80)$$

可见，K_L 取决于电负荷 A、电流密度 J_s 和电机不同部位的磁密分布。并且，由于转子的轴向长度与聚磁系数 K_{foc} 有关，因此 K_L 与所选择的材料也有很大的关系。

双转子单定子轴向磁场永磁电机的轴向长度主要取决于中间定子的结构，与电机的磁路结构、是否有定子铁心、铁心是否开槽等因素有关。

无定子轭的双转子单定子轴向磁场永磁电机的轴向长度为

$$L_e = 2L_r + L_s + 2g \quad\quad (2.81)$$

$$L_s = L_w + 2L_{shoe} \quad\quad (2.82)$$

式中，L_w 为定子绕组的轴向长度；L_{shoe} 为定子铁心极靴的轴向长度。

$$L_r = L_{cr} + L_{PM} \qu\quad (2.83)$$

式中，L_{PM} 为永磁体的轴向长度；转子铁心轴向长度 L_{cr} 可表示为

$$L_{cr} = \frac{\pi B_u}{B_{cr} 8p} D_{out}(1 + k_d) \qu\quad (2.84)$$

式中，B_{cr} 为转子铁心的磁通密度。

2.6 轴向磁场永磁同步电机的电磁设计特点

2.6.1 主磁路结构特点

与传统径向磁场电机一样，轴向磁场电机的磁路仍然是由定子齿部、定子轭部、转子轭部、转子磁极和气隙等组成的。轴向磁场永磁同步电机主磁路的磁势可以认为是不变的。沿着半径方向气隙长度 g、槽宽 b_s 和轭部厚度不变，但是定子齿距 t、定子齿宽 b_t、极距 τ 都是变化的，它们都是半径的函数，即 $t = t(r)$，$b_t = b_t(r)$，$\tau = \tau(r)$。

由于 $t = t(r)$，$b_t = b_t(r)$，$\tau = \tau(r)$，因而气隙磁通密度 $B_g = B_g(r)$、定子齿磁通密度 $B_t = B_t(r)$、轭部磁通密度 $B_j = B_j(r)$ 都与半径 r 有关，这是轴向磁场永磁同步电机磁路结构的特点。

正是由于磁路的这些特点，在对该类电机进行磁路计算，特别是手工计算时，通常采

用平均直径法。实质上是将内、外径分别为 D_{out}、D_{in}，厚度为 h_j 的轴向磁场永磁同步电机等效为内径为 $(D_{out}+D_{in})/2$，$L_{ef}=(D_{out}-D_{in})/2$，而定子槽尺寸相同，定子轭部厚度为 h_j 的径向磁场电机进行磁路计算的。此方法简便，但计算结果存在偏差，不过基本上能满足工程设计的要求。

2.6.2 永磁磁极的设计特点

永磁体形状是影响磁场分布的一个重要因素，根据永磁体内、外径弧长和极距弧长的关系可以分为图 2.12 所示三种情况。其中，$\hat{b}_{Mi}$、$\hat{b}_{Mo}$ 为磁极内、外径处弧长，$\hat{\tau}_{Li}$，$\hat{\tau}_{Lo}$ 为内、外径处的极距弧长。图 2.13 所示为磁极形状和定子各部分磁通密度的关系。

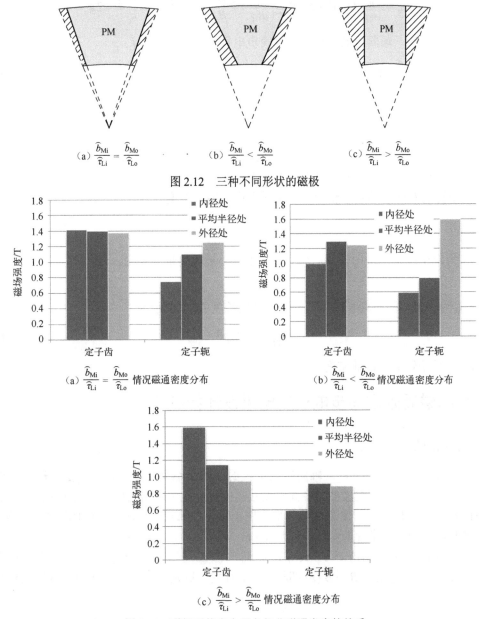

(a) $\dfrac{\hat{b}_{Mi}}{\hat{\tau}_{Li}} = \dfrac{\hat{b}_{Mo}}{\hat{\tau}_{Lo}}$ (b) $\dfrac{\hat{b}_{Mi}}{\hat{\tau}_{Li}} < \dfrac{\hat{b}_{Mo}}{\hat{\tau}_{Lo}}$ (c) $\dfrac{\hat{b}_{Mi}}{\hat{\tau}_{Li}} > \dfrac{\hat{b}_{Mo}}{\hat{\tau}_{Lo}}$

图 2.12   三种不同形状的磁极

(a) $\dfrac{\hat{b}_{Mi}}{\hat{\tau}_{Li}} = \dfrac{\hat{b}_{Mo}}{\hat{\tau}_{Lo}}$ 情况磁通密度分布   (b) $\dfrac{\hat{b}_{Mi}}{\hat{\tau}_{Li}} < \dfrac{\hat{b}_{Mo}}{\hat{\tau}_{Lo}}$ 情况磁通密度分布

(c) $\dfrac{\hat{b}_{Mi}}{\hat{\tau}_{Li}} > \dfrac{\hat{b}_{Mo}}{\hat{\tau}_{Lo}}$ 情况磁通密度分布

图 2.13   磁极形状和定子各部分磁通密度的关系

从图 2.12 和图 2.13 中可以看出，磁极宽度沿径向向里减小，饱和发生在定子轭外径处。磁极宽度径向向外减小，饱和发生在定子齿内径处，所以选择图 2.12（a）中的结构比较合理。在电枢内、外径确定后，磁极内、外径随即确定，即永磁体的高度已经确定。关键的问题是如何选择永磁体的厚度和宽度。

按照安培环路定律，仍然采用分段计算的方法，即 $\sum F = \sum Hl$。有槽电机的永磁体轴向长度 L_{PM} 可表示为

$$L_{PM} = \frac{\mu_r B_g}{B_r - B_g K_f / K_d}(k_C g) \tag{2.85}$$

式中，μ_r 为相对磁导率；B_r 为永磁体的剩余磁通密度；K_d 为通过有限元研究或通过实际经验得到的永磁电机的漏磁系数；k_C 为卡特系数；K_f 为轴向磁场电机的气隙磁通密度在径向方向上的最大值修正系数。

在径向磁场电机中，定子齿沿轴向方向有一个固定的齿宽，因而卡特系数是一个常数。而在轴向磁场电机中，为了提高槽满率，定子槽为矩形，而定子齿只能为梯形。结果，电机气隙磁阻不仅沿切向方向变化（如径向磁场电机），也会沿径向方向变化。若所施加的气隙磁势为常数，则使气隙磁通密度不均匀，靠近内径的地方，因齿的区域较窄，使铁心饱和，而在靠近外径的地方，因齿的区域较宽，而不能有效地利用永磁体。定子齿的几何尺寸决定了气隙磁通密度的分布。在电机设计中，用卡特系数来表示在恒定磁势作用下，由于定子、转子开槽而引起气隙磁通密度的变化。考虑到图 2.14 所示的定子齿的几何尺寸，卡特系数可用式（2.86）表示。图 2.14 中 l_d 为齿长。

$$k_C = \frac{2w_s + w_1 + w_2}{w_1 + w_2 + \frac{8g}{\pi}\ln\left(1 + \frac{\pi w_s}{4g}\right)} \tag{2.86}$$

式中，w_s 为定子槽宽，w_1 为外齿宽，w_2 为内齿宽。

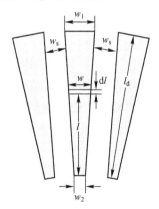

图 2.14　轴向磁场电机定子齿几何尺寸图

式（2.86）是一个积分形式的卡特系数，与齿宽为 $(w_1 + w_2)/2$、齿长与梯形齿长度相同的齿的卡特系数等效，是一个定值。实际上，对于轴向磁场电机，由于靠近内径处，定子齿很窄，齿部饱和严重。若考虑饱和的效果，则卡特系数是半径的函数，如图 2.15 所示。

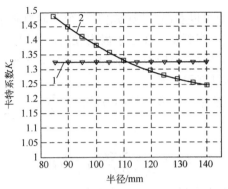

曲线 1 为 K_c 的积分形式；曲线 2 为 K_c 的微分形式

图 2.15 轴向磁场电机的卡特系数

为了获得最佳磁性能，必须对磁极形状进行最佳设计，可以使用等效磁路法计算出定子齿的气隙磁通密度分布，进而近似得出磁极几何形状。

2.7 轴向磁场电机和径向磁场电机的功率密度

随着新材料的应用，以及制造技术和冷却技术的进步，电机功率密度的进一步增加成为可能。功率密度被定义为单位质量或单位体积的输出功率。提高电机功率密度的方法有两种：提高电机的转速和提高电机的转矩密度。提高电机的转速使风磨损耗过高，这对电机轴承的要求很严格，并且使用寿命短和噪声大。因此较好的方法是提高电机的转矩密度。制约传统径向磁场电机的转矩密度增加的因素有以下几个方面。

（1）传统电机在转子齿根部存在磁路饱和的瓶颈效应。

（2）转子铁心在转轴周围（转子轭部）的许多空间很难被用来作为电机的磁路。

（3）传统电机的定子、转子是同心式安装的，定子绕组产生的热量首先传递到定子铁心，然后传递到机座，最后散发到空气中。没有良好的通风系统，散热是很困难的。这就决定了电负荷不能太大，限制了电机的功率密度。

径向磁场电机在转矩密度上的局限性是因它的结构造成的，很难根除，除非采用新的拓扑结构。轴向磁场电机与径向磁场电机相比，具有结构紧凑、转矩密度高的优势。另外，轴向磁场电机定子、转子铁心的内径比转轴直径大得多，有良好的通风和冷却效果，散热比较容易。在某些应用场合下，轴向磁场电机相比径向磁场电机的优势主要体现在以下几个方面。

（1）轴向磁场电机的长径比比径向磁场电机的长径比小得多，特别适合应用在轴向长度受限的场合。

（2）轴向磁场电机有一个能稍微调节的平面气隙。

（3）能够设计成具有大的功率密度，又能节省铁磁材料的电机。

（4）可以将电机设计成模块化电机，也可以根据功率或转矩的要求加减模块的数目。

（5）铁心的外径越大，能容纳的极数越多，非常适合作为直驱电机。

因此，轴向磁场电机特别适合应用在伺服、牵引、分布式发电和特殊用途的应用场合中。

对轴向磁场电机和径向磁场电机的性能进行定量的比较是有困难的，因为两种电机的结构不同，要考虑的因素比较多。本节在不考虑经济和技术方面的特性，只考虑电磁性能的前提下，对轴向、径向磁场电机结构的性能进行比较。在这种情况下要考虑的主要参数是比转矩，即在一定的热条件下，单位质量或单位体积输出的转矩。根据盘的数目和种类，对不同的轴向磁场电机的结构进行完全详尽的比较是不可能的。可以将范围减小到固定的盘数，可以对不同的几何结构（轴向长度和半径之比）或不同极数的电机进行比较。

对于径向磁场电机而言，电机输出功率公式为

$$P_1 = \frac{\pi^2}{60} \alpha_p K_{Nm} k_{\omega 1} A B_g n D_a^2 l_{ef} \tag{2.87}$$

式中，K_{Nm} 为气隙磁场波形系数；$k_{\omega 1}$ 为基波绕组系数；α_p 为电机的极弧系数；A 为平均电负荷；B_g 为气隙磁通密度；D_a 为电机电枢直径；l_{ef} 为铁心长度；λ 为径向磁场电机的直径和铁心长度之比。

对于径向磁场电机，对式（2.87）引入转矩公式进行相应的变换，可得到：

$$T_1 = \frac{\pi}{2} \alpha_p K_{Nm} k_{\omega 1} A B_g D_a^2 l_{ef} \tag{2.88}$$

对于轴向磁场电机而言，电机平均直径 D_{av} 和径向铁心长度 l_{av} 分别为

$$D_{av} = \frac{1}{2}(D_{out} + D_{in}) \tag{2.89}$$

$$l_{av} = \frac{1}{2}(D_{out} - D_{in}) \tag{2.90}$$

根据径向磁场电机相似的主要尺寸计算公式，当忽略轴向磁场电机的定子铁心内侧气隙磁场边缘效应时，轴向磁场永磁电机的功率公式为

$$P = \frac{\pi^2}{60} \alpha_p K_{Nm} k_{\omega 1} A B_g n D_{av}^2 l_{av} \tag{2.91}$$

通过式（2.89）、式（2.90）和式（2.91），可推导出轴向磁场电机的输出功率与电机内、外径之比 k_d 的关系表达式：

$$P_2 = \frac{\pi^2}{60} \alpha_p K_{Nm} k_{\omega 1} A B_g n \frac{(1+k_d)^2(1-k_d)}{8} D_{out}^3 \tag{2.92}$$

同理，对于轴向磁场电机，对式（2.92）进行相应的变换，可得到计算转矩为

$$T_2 = \pi \alpha_p K_{Nm} k_{\omega 1} A B_g \frac{(1+k_d)^2(1-k_d)}{16} D_{out}^3 \tag{2.93}$$

从式（2.92）和式（2.87）中可以看出，轴向磁场电机和径向磁场电机的功率表达式都与电机的电磁负荷有关。不同之处在于径向磁场电机的功率与径向尺寸和轴尺寸均相关，而轴向磁场电机的功率与电机的外径和内径有关，与电机的轴向长度无关。因此，在工艺条件允许的情况下，可以把电机的轴向长度尽量做得短一些。由于电机的输出功率不变，电机的体积减小，因此电机的功率密度得到提高。

由式（2.92）可知，假设电机的电磁负荷、转速、定子的外径和绕组系数保持不变，则轴向磁场电机的输出功率是内、外径之比 k_d 的三次函数。k_d 的大小会对电机的体积及电磁性能都产生较大的影响，因此它也是 AFPM 电机在初始设计时最重要的几何尺寸比。通过求解三次函数关系可知，在 $k_d = 1/\sqrt{3}$ 时，电机的输出功率取得极大值。考虑到电机的机械

强度和电机内径处的磁通密度,对于小型电机的取值 k_d 通常略小于 $1/\sqrt{3}$,对于大中型电机的取值 k_d 通常大于 $1/\sqrt{3}$。根据实际经验,k_d 的取值范围通常为 0.45~0.67,具体取值和电机的功率大小相关。

当气隙磁通密度为 B_g 时,径向磁场电机定子的轭部磁通密度为

$$B_{j1} = \frac{\pi D_a \alpha_i B_g}{4 p h_{j1}} \qquad (2.94)$$

由式(2.94)可得,电机定子轭计算高度为

$$h_{j1} = \frac{\pi D_a \alpha_i B_g}{4 p B_{j1}} \qquad (2.95)$$

则径向磁场电机的总体积为

$$\begin{aligned} V_1 &= \frac{\pi}{4}(D_a + 2h_{t1} + 2h_{ji})^2 (l_{ef} + l_{end}) \\ &= \frac{\pi}{4} D_a^2 l_{ef} (1 + \frac{2h_{t1}}{D_{i1}} + \frac{\pi \alpha_i B_g}{2 p B_{j1}})^2 \left(1 + \frac{2l_{end}}{l_{ef}}\right) \end{aligned} \qquad (2.96)$$

式(2.95)和式(2.96)中,V_1 为径向磁场电机的总体积;h_{j1} 为电机定子轭高;h_{t1} 为电机定子齿高;p 为电机的极对数;l_{end} 为绕组端部长度;B_g 为电机的气隙磁通密度;B_{j1} 为电机的定子轭磁通密度。

结合式(2.91)和式(2.96),可以推导出径向磁场电机的功率密度为

$$\rho_1 = \frac{P_1}{V_1} = \frac{\dfrac{\pi^2}{60} \alpha_i K_{Nm} K_{dp} A B_\delta n}{\dfrac{\pi}{4}\left(1 + \dfrac{2h_{t1}}{D_{i1}} + \dfrac{\pi \alpha_i B_\delta}{2 p B_{j1}}\right)^2 \left(1 + \dfrac{2l_{end}}{l_{ef}}\right)} \qquad (2.97)$$

同理,可得轴向磁场电机的总体积为

$$\begin{aligned} V_2 &= \frac{\pi}{4}(D_{out} + 2l_{end})^2 (l_m + h_{t1} + h_{j1}) \\ &= \frac{\pi}{4} D_{out}^3 \left(1 + \frac{2l_{end}}{D_{out}}\right)^2 \left(\frac{l_m}{D_{out}} + \frac{h_{t1}}{D_{out}} + \frac{h_{j1}}{D_{out}}\right) \end{aligned} \qquad (2.98)$$

结合式(2.92)和式(2.98),可以推导出轴向磁场电机的功率密度为

$$\rho_2 = \frac{P_2}{V_2} = \frac{\dfrac{\pi^2}{60} \alpha_i K_{Nm} K_{\omega 1} A B_g n \dfrac{(1+k_d)^2(1-k_d)}{8}}{\dfrac{\pi}{4}\left(\dfrac{l_m}{D_{out}} + \dfrac{h_{t1}}{D_{out}} + \dfrac{\pi \alpha_i B_g}{4 p B_{j1}}\right)\left(1 + \dfrac{2l_{end}}{D_{out}}\right)^2} \qquad (2.99)$$

为了对比轴向磁场电机和径向磁场电机的功率密度,应对一些变量进行假设。假定轴向磁场电机和径向磁场电机有相同的气隙磁通密度 B_g 和计算极弧系数 α_i,并且径向磁场电机的线负荷与轴向磁场电机的线负荷相等,两种电机具有相同的转速。为了简化分析,做出以下假设。

（1）轴向磁场电机和径向磁场电机的端部长度都可忽略不计。

（2）轴向磁场电机和径向磁场电机的轭部磁通密度都为气隙磁通密度的两倍。

（3）轴向磁场电机和径向磁场电机的永磁体厚度都远小于定子外径。

（4）轴向磁场电机和径向磁场电机都为无齿槽电机。

将式（2.99）除以式（2.97），则可以得到功率密度之比：

$$\xi = \frac{\dfrac{(1+k_{\mathrm{d}})^2(1-k_{\mathrm{d}})}{8}\left(1+\dfrac{2h_{\mathrm{t1}}}{D_{\mathrm{a}}}+\dfrac{\pi\alpha_{\mathrm{i}}B_{\delta}}{2pB_{\mathrm{j1}}}\right)^2\left(1+\dfrac{2l_{\mathrm{end}}}{l_{\mathrm{ef}}}\right)}{\left(\dfrac{l_{\mathrm{m}}}{D_{\mathrm{out}}}+\dfrac{h_{\mathrm{t1}}}{D_{\mathrm{out}}}+\dfrac{\pi\alpha_{\mathrm{i}}B_{\delta}}{4pB_{\mathrm{j1}}}\right)\left(1+\dfrac{2l_{\mathrm{end}}}{D_{\mathrm{out}}}\right)^2} \qquad (2.100)$$

将式（2.100）化简：

$$\xi = \frac{(1+k_{\mathrm{d}})^2(1-k_{\mathrm{d}})\left(1+\dfrac{\pi\alpha_{\mathrm{i}}}{4p}\right)^2}{\dfrac{\pi\alpha_{\mathrm{i}}}{p}} \qquad (2.101)$$

取 k_{d}=0.6，α_{i} =0.7、0.8、0.9 时，电机的功率密度之比随极对数的变化关系如图 2.16 所示。当电机的极对数大于 2 时，随着极数的增大，轴向磁场电机的功率密度比径向磁场电机的功率密度增长快。改变电机的极弧系数，可以发现，当电机的极弧系数较小时，轴向磁场电机的功率密度比径向磁场电机的功率密度增加得要快很多。因此，当电机采用多极数时，轴向磁场电机的功率密度比径向磁场电机的功率密度具有明显的优势。

选取恒定的极弧系数，改变电机内外径之比，即选取 α_{i} =0.8、λ=0.5、0.58、0.65 时，电机功率密度之比随极对数的变化关系如图 2.17 所示。在保持电机的极弧系数不变的情况下，改变电机的内外径之比 k_{d}。当电机的极对数大于 2 时，随着极对数的增加，轴向磁场电机的功率密度比径向磁场电机的功率密度增长快。因此，两种电机的功率密度之比曲线逐渐呈上升趋势。轴向磁场电机与径向磁场电机功率密度之比还与电机的内外径之比有关，当电机内外径之比 k_{d} 较小时，轴向磁场电机功率密度比径向磁场电机功率密度增长更迅速，并且在极数较多时，轴向磁场电机安装比径向磁场电机安装更简单。

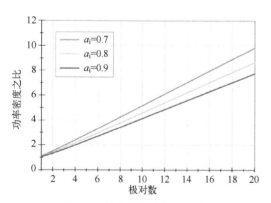

图 2.16　轴向磁场电机与径向磁场
电机功率密度之比随极对数的变化关系

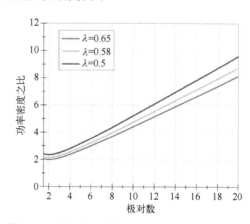

图 2.17　电机功率密度之比随极对数的变化关系

2.8 轴向磁场永磁同步电机的电磁场分析方法

轴向磁场电机设计过程虽然与传统径向磁场电机类似，但是其机械设计、电磁场分析、运行特性、损耗分析，以及装配过程更为复杂。轴向磁场电机内部磁场是一个非常复杂的三维场，磁路分为轴向与切向两类，各部分的磁通密度分布不均匀，不同半径处的磁通密度不同，电机磁场的分布很少完全采用磁路分析。磁场分析常用的数值计算方法有有限差分法和有限元法。有限差分法比较直观，公式和计算程序不太复杂，对于边界上的磁位给定的情况处理起来比较方便，应用很广泛，但是不适合边界条件复杂、边界不规则的情况。1943年，有限元法由 R. Courant 提出，在二十世纪六七十年代引进电磁场问题的求解中。有限元法是以变分原理和近似插值离散为基础的一种数值计算方法。

2.8.1 电机内电磁场基本理论

电机内的电磁场可以用 Maxwell（麦克斯韦）方程组来表示：

$$\begin{cases} \text{rot}\boldsymbol{H} = \boldsymbol{J} + \dfrac{\partial \boldsymbol{D}}{\partial t} \\ \text{rot}\boldsymbol{E} = -\dfrac{\partial \boldsymbol{B}}{\partial t} \\ \text{div}\boldsymbol{D} = \rho \\ \text{div}\boldsymbol{B} = 0 \end{cases} \tag{2.102}$$

式中，$\boldsymbol{H}$ 为磁场强度（A/m）；$\boldsymbol{J}$ 为求解区域传导电流的电流密度（A/m^2）；$\boldsymbol{D}$ 为求解区域的电通量（C/m^2）；$\boldsymbol{E}$ 为电场强度（V/m）；$\boldsymbol{B}$ 为磁感应强度（T）；ρ 为电荷密度（C/m^3）。

式（2.102）的物理意义：交变的电场产生磁场，不仅电流可以激发磁场，随时间变化的电场也可以激发磁场，$\dfrac{\partial \boldsymbol{D}}{\partial t}$ 为电通量密度随时间的变化率，可以等效为一种电流，称为位移电流的电流密度。

根据电机的实际情况，可以将位移电流忽略，则电机内的电磁场性质可简化为

$$\begin{cases} \text{rot}\boldsymbol{H} = \boldsymbol{J} \\ \text{rot}\boldsymbol{E} = -\dfrac{\partial \boldsymbol{B}}{\partial t} \\ \text{div}\boldsymbol{B} = 0 \end{cases} \tag{2.103}$$

当 $\boldsymbol{J} \neq 0$ 时，该求解区域内包含电流，磁场为有旋场；当 $\boldsymbol{J} = 0$ 时，该求解区域内不包含电流，磁场为无旋场。

在解决电机电磁场问题时，一般使用两种位函数，一种是标量磁位 $\boldsymbol{\Phi}$，另一种是矢量磁位 $\boldsymbol{A}$。

在式（2.103）中，$\text{div}\boldsymbol{B} = 0$，表明电机内的磁场恒为无源场，由向量分析可以得出，一个散度为零的向量场总可以表示为另一个向量的旋度场。所以，为了便于分析和计算，引入没有物理意义的磁矢位 $\boldsymbol{A}$，单位为 Wb/m，使其满足：

$$\boldsymbol{B} = \text{rot}\boldsymbol{A} \tag{2.104}$$

则在三维电磁场中，磁矢位满足向量的泊松方程为

$$\text{rot}A = \begin{vmatrix} \boldsymbol{i} & \boldsymbol{j} & \boldsymbol{k} \\ \dfrac{\partial}{\partial x} & \dfrac{\partial}{\partial y} & \dfrac{\partial}{\partial z} \\ A_x & A_y & A_z \end{vmatrix} = \left(\dfrac{\partial A_z}{\partial y} - \dfrac{\partial A_y}{\partial z}\right)\boldsymbol{i} + \left(\dfrac{\partial A_x}{\partial z} - \dfrac{\partial A_z}{\partial x}\right)\boldsymbol{j} + \left(\dfrac{\partial A_y}{\partial x} - \dfrac{\partial A_x}{\partial y}\right)\boldsymbol{k} \quad (2.105)$$

即

$$\begin{cases} \dfrac{\partial}{\partial y}\left(v\dfrac{\partial A_y}{\partial x}\right) - \dfrac{\partial}{\partial y}\left(v\dfrac{\partial A_x}{\partial y}\right) - \dfrac{\partial}{\partial z}\left(v\dfrac{\partial A_x}{\partial z}\right) + \dfrac{\partial}{\partial z}\left(v\dfrac{\partial A_z}{\partial x}\right) = J_y \\[2mm] \dfrac{\partial}{\partial z}\left(v\dfrac{\partial A_z}{\partial y}\right) - \dfrac{\partial}{\partial z}\left(v\dfrac{\partial A_y}{\partial z}\right) - \dfrac{\partial}{\partial x}\left(v\dfrac{\partial A_y}{\partial x}\right) + \dfrac{\partial}{\partial x}\left(v\dfrac{\partial A_x}{\partial y}\right) = J_x \\[2mm] \dfrac{\partial}{\partial x}\left(v\dfrac{\partial A_x}{\partial z}\right) - \dfrac{\partial}{\partial x}\left(v\dfrac{\partial A_z}{\partial x}\right) - \dfrac{\partial}{\partial y}\left(v\dfrac{\partial A_z}{\partial y}\right) + \dfrac{\partial}{\partial y}\left(v\dfrac{\partial A_y}{\partial z}\right) = J_z \end{cases} \quad (2.106)$$

2.8.2 有限元方法简介

工程中的绝大多数电工设备、电气及电磁物理装置的工作状态和运行性能都是由电磁场等物理场来决定的，而计算机仿真计算可以为产品的优化设计提供可靠的依据，耗资巨大的模型试验可以由模型仿真计算代替。有限元分析（Finite Element Analysis，FEA）利用数值近似计算的方法对真实物理系统，如几何和载荷工况等进行模拟，将整个复杂区域分割成许多小的简单而又相互作用的区域，即"单元"，则可将求解边界问题的原理应用到这些有限个数的单元中，对每个单元分别求解，最后将各个单元的求解结果求和得到整个区域的解。有限元计算不仅精度高，能够分析形状复杂的结构，处理复杂的边界条件，处理各种不同类型的材料，而且保证规定的工程精度。有限元法将插值函数定义在几何形状简单的单元上，且不需要考虑定义在整个求解域上的复杂边界条件。

有限元分析过程可以分为三个阶段，即前处理、参数设置及求解和后处理。前处理是准确建立分析对象的有限元模型，初始单元网格划分；参数设置及求解是对有限元模型的物理属性进行设置，设定求解参数进行求解计算；后处理是采集处理分析求解结果，为用户提取可靠信息，并了解计算结果是否符合要求。

ANSYS Maxwell 软件是一款用于电机、变压器、传感器与线圈等电磁设备与机电设备的专业 2D/3D 有限元分析软件包，可以完成静态、频域和时域磁场的仿真分析。实际应用时，只需要指定模型的几何形状、材料属性，以及关键的输出参数，软件可以自动生成自适应网格，简化了仿真分析流程。

Ansoft 公司的 Maxwell 2D/3D 是一个功能强大、结果精确、易于使用的二维/三维电磁场有限元分析软件，它包括电场、静磁场、涡流场、瞬态场和温度场分析模块，可以用来分析电机、传感器、变压器、永磁设备、激励器等电磁装置的静态、稳态、瞬态、正常工况和故障工况的特性。运用 ANSYS Maxwell 软件进行有限元电磁分析的仿真步骤如下所述。

（1）问题描述，选择求解器类型。

（2）构建几何模型。

（3）定义材料及设置属性。

（4）设置激励源和边界条件。

（5）网格剖分及求解设置。

（6）有限元计算及后处理。

第3章 双定子单转子轴向磁场
永磁同步伺服电动机

双定子单转子轴向磁场永磁同步伺服电动机为两边定子、中间转子结构，解决了单边结构轴向磁拉力不平衡的问题。定子铁心采用硅钢叠片的定子轭部和软磁复合材料形成的齿部组合而成，降低了电枢铁心的制造难度和电机的成本。转子采用 NS 磁路结构，取消转子铁心轭部。永磁体采用嵌入式结构，转子铁心甚至可以不使用铁磁材料，而使用铝等非磁性材料来填充永磁体之间的空间。电机转子轴向长度很短且质量小，有效地提高了电机的功率密度。由于转子中没有铁磁材料，电机中不存在齿槽转动，电机的惯量也很小，因此更易于实现高精度的装配定位，非常适用于控制性能要求高的应用场合。

本章首先介绍双定子轴向磁场永磁同步伺服电动机的结构，然后设计一台 3kW 轴向磁场永磁同步伺服电动机，采用 ANSYS Maxwell 软件对电机的性能进行优化和验证，并对表贴式和嵌入式两种轴向磁场永磁同步电机的性能进行对比，最后介绍双定子单转子轴向磁场电机电枢的制造过程。

3.1 双定子单转子轴向磁场永磁同步伺服电动机的结构

目前，高性能的伺服系统大多采用永磁同步伺服电动机。永磁同步伺服电动机具有结构简单、体积小、质量小、损耗小、效率高的特点，不需要对换向器和电刷进行维护，应用更便捷。交流伺服电动机正朝着大功率化（高转速、高转矩）、高功能化和微型化方向发展，非常适合应用在伺服驱动系统中。

双定子单转子轴向磁场永磁同步伺服电动机包括轴向排列的两个定子和一个转子，转子夹在两个定子之间，其结构如图 3.1 所示。双定子单转子轴向磁场永磁同步伺服电动机有以下几个优点。

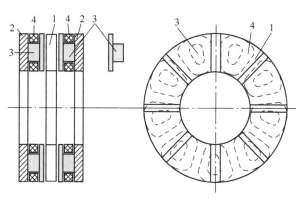

1—永磁体；2—定子铁心轭；3—定子极；4—定子线圈

图 3.1 双定子单转子轴向磁场永磁同步伺服电动机结构

（1）有两个定子，因此有两套独立的绕组，当两个定子绕组并联时，在其中一个定子绕组出现故障的情况下，电机依然能运行，因此电机具有故障容错性，提高了系统的可靠性。当两个定子绕组串联时，电流大小相等，中间转子上受到的磁拉力可以完全抵消，电机能够平稳地运行。

（2）采用双定子单转子的拓扑结构，转子轴向长度短、质量小，更易于实现高精度的装配定位。

（3）绕组是电机的主要发热源，而双定子结构的轴向磁场永磁（AFPM）电机定子分布在电机两侧，定子绕组和端盖直接接触，因此可以获得最优的散热条件，更适合长时间、高强度的应用场合。

3.1.1　定子结构

轴向磁场电机的定子由定子绕组和定子铁心组成。定子铁心可以由冲好槽的硅钢片沿圆周方向叠压而成，但存在齿槽难以对齐的问题。为了解决轴向磁场电机的定子铁心叠片困难的问题，可以利用软磁复合材料（SMC）容易成形的特点，采用 SMC 直接加工成定子铁心，因此本章的研究采用软磁复合材料来制成定子铁心。

由于 SMC 的性能相对于硅钢片的性能要差些，如 SMC 的磁通密度比硅钢片的磁通密度低，磁滞损耗比硅钢片的磁滞损耗高，但涡流损耗较硅钢片的涡流损耗低。为了弥补 SMC 的缺陷，通过尽量减小 SMC 的用量来降低电机总的损耗，提高电机的效率。结合轴向磁场电机磁路的特点，即磁力线沿轴向通过定子齿部，然后沿周向通过定子轭部，电机的定子轭部可以像径向磁场电机一样，由硅钢片轴向叠压制成，只有定子齿部采用 SMC 制成，然后将 SMC 定子齿部和硅钢片定子轭部结合形成定子铁心，该结构的展开图如图 3.2 所示。定子铁心由定子轭盘和用软磁复合材料形成的定子齿部组成。电机电枢绕组安装在两个定子铁心上。

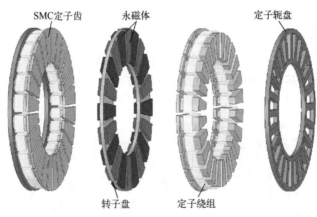

图 3.2　双定子单转子轴向磁场永磁同步伺服电动机结构展开图

图 3.3（a）所示为 SMC 定子齿部的结构示意图，可以看出，定子齿部分为齿身和齿冠两部分，两者皆为扇形，其中齿冠的内外径都大于齿身的内外径，且在圆周方向包含齿身，进一步提高了电机的功率/转矩密度。定子装配示意图如图 3.3（b）所示。根据电机的槽数，首先在定子轭部的相应部位进行开孔，将线圈在 SMC 定子齿部上绕制好后，再将定子齿部插入定子轭部固定，形成完整的定子铁心。这种装配工艺不仅能够提高电机的槽满率，

而且降低了 AFPM 电机开槽定子铁心的制造难度。

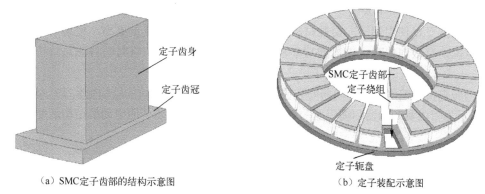

（a）SMC定子齿部的结构示意图　　　　（b）定子装配示意图

图 3.3　双定子单转子轴向磁场永磁同步伺服电动机定子结构

SMC-Si 钢组合铁心电机充分利用了 SMC 和硅钢片材料的优势，同时弥补了其各自的缺陷，能够有效改善电机的性能，也为电机的结构设计提供了新的方向。

3.1.2　转子结构

AFPM 电机的转子一般由永磁体和转子铁心组成，其中，为了降低铁耗，转子铁心可以由硅钢片卷绕而成，有时也采用实心钢制成以降低电机成本。永磁体的排列方式通常有表贴式、内嵌式和埋入式等，由此形成了 AFPM 电机的不同转子结构。由第 2 章的分析可知，采用 NS 磁路结构可以省去转子铁心轭部，以降低电机的质量和铁耗，但电机非磁性气隙比较大，总有效气隙相当于两个机械气隙加上 PM 的厚度，其相对磁导率接近 1，故永磁体的用量要增加。也可以采用 NN 磁路结构，这种结构有两个完全相同的磁回路，相当于两台单定子单转子电机的组合。经过两个气隙的磁力线都要周向通过中间转子盘的转子轭部，为了不使转子轭部的磁通密度过高而饱和，转子盘要做得厚一些，考虑到本章设计的伺服电动机，故采用 NS 磁路结构。

由于电机采用 NS 型排列方式，转子盘两侧相同位置的永磁体均沿轴向同一方向充磁。电机的 NS 磁路结构示意图如图 3.4 所示。由图 3.4 可以看出，电机的主磁通从转子盘上的永磁体出发，经由气隙垂直进入定子齿部和定子轭部，再沿定子轭部周向进入相邻定子齿部，穿过气隙进入相邻永磁体，最后经另一侧气隙进入另一侧定子，经过一个对称路径后回到出发的磁极，构成完整的闭合磁路。

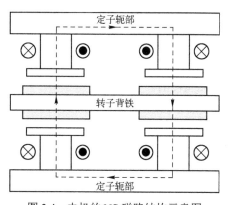

图 3.4　电机的 NS 磁路结构示意图

由于永磁体采用表贴式结构，有效气隙较大，因此磁路的磁阻远大于定子磁阻，对于SMC 磁导率低的问题不太敏感。永磁体采用嵌入式结构，转子铁心不需要铁磁材料，永磁体之间的连接可以使用铝等非磁性材料。电机轴向长度更短，质量更小，更易于实现高精度的装配定位，有效地提高了电机的功率密度。在本章的 3.5 节中将对两种磁路结构的性能进行比较。

将伺服电机、编码器和制动器安装在一起，伺服电机驱动系统的结构更紧凑，体积更小。图 3.5 所示为带内置制动器和编码器的双定子单转子 AFPM 同步伺服电动机结构示意图。

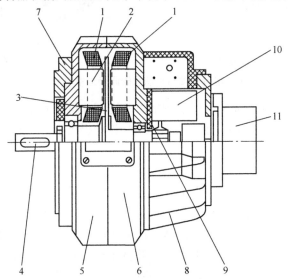

1—定子绕组；2—定子铁心；3—转子；4—转轴；5—左端盖；6—右端盖；7—法兰盘；

8—制动器；9—制动法兰；10—电磁制动器

图 3.5 带内置制动器和编码器的双定子单转子 AFPM 同步伺服电动机结构示意图

综上可以得出，本章所设计的轴向磁场永磁同步伺服电动机具有以下特点。

（1）双定子单转子的拓扑结构更易于装配定位且可以获得最优的散热条件，更适合长时间、高强度运行的应用场合且电机具有故障容错性。

（2）SMC-Si 钢组合铁心的结构形式打破了硅钢片的二维设计局限，提高了电机的槽满率，改善了 AFPM 电机开槽定子铁心的制造工艺，使得电机的功率/转矩密度得到了提升，同时在一定限度上弥补了 SMC 机械强度低的缺点。

（3）电机永磁体采用表贴式结构，有效气隙较大，导致磁路的磁阻远大于定子磁阻，因此 AFPM 电机对于 SMC 的低磁导率并不敏感。

（4）对于低速直驱式电动机而言，铜耗相比于其他损耗的占比更大，因此 SMC 低频有较大铁耗在该电机的设计中是被允许的。

3.2 轴向磁场永磁同步伺服驱动系统

伺服系统（Servomechanism）又称随动系统，是用来精确跟随或复现某个过程的带有反馈的控制系统。伺服系统使物体的位置、方位、状态等输出被控量能够跟随输入目标（或给定值）的任意变化。它的主要任务是按控制命令的要求对功率进行放大、变换与调控等处理，使驱动装置输出的力矩、速度和位置控制非常灵活方便。对伺服系统的性能要求是稳定性好、高精度和快速响应性。

伺服系统最初用于国防军工，如火炮的控制，船舰、飞机的自动驾驶，导弹发射等，后来逐渐推广到国民经济的许多部门，广泛应用于机床、无线跟踪控制、搬运机构、印刷设备、装配机器人、加工机械、高速卷绕机、纺织机械等场合，满足了传动领域的发展需求。

现在，高性能的伺服系统大多采用永磁交流伺服系统，其中包括永磁同步交流伺服电动机和全数字交流永磁同步伺服驱动器两部分。伺服电动机驱动系统结构原理图如图 3.6 所示。

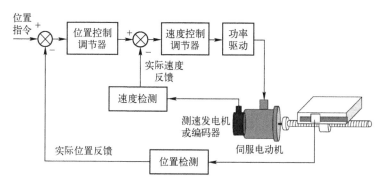

图 3.6　伺服电动机驱动系统结构原理图

由电动机原理可知，要实现永磁同步电动机的变速运行，必须调节电源电压的大小和频率，因此需要使用变流器（变频器）。变流器供电的 AFPM 伺服电动机驱动系统如图 3.7 所示。为了实现 AFPM 伺服电动机的位置或速度控制，必须控制电动机的转矩，从而控制电动机的电流。对于电流控制，相电流和转子位置的信息是必需的。因此要先对电动机的电流和转子位置进行测量，然后送入控制器，控制器再通过变换器来控制电动机的电压和频率。

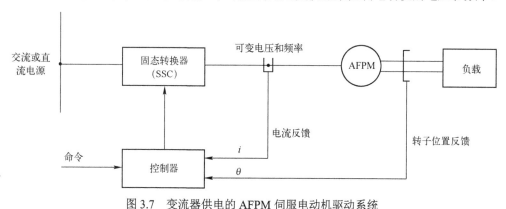

图 3.7　变流器供电的 AFPM 伺服电动机驱动系统

3.3　轴向磁场永磁同步电动机的基本电磁关系

3.3.1　轴向磁场永磁同步电动机稳态运行时的电压平衡方程式、相量图和等效电路图

根据双反应理论，电动机稳定运行于同步转速时，其电压平衡方程式可以表示为

$$\begin{aligned}\dot{U}_1 &= \dot{E}_{\mathrm{f}} + \dot{I}_{\mathrm{a}}R_1 + \mathrm{j}\dot{I}_{\mathrm{a}}X_1 + \mathrm{j}\dot{I}_{ad}X_{ad} + \mathrm{j}\dot{I}_{aq}X_{aq} \\ &= \dot{E}_{\mathrm{f}} + \dot{I}_{\mathrm{a}}R_1 + \mathrm{j}\dot{I}_{ad}X_{sd} + \mathrm{j}\dot{I}_{aq}X_{sq}\end{aligned} \tag{3.1}$$

其中，

$$\dot{I}_{\mathrm{a}} = \dot{I}_{ad} + \dot{I}_{aq} \tag{3.2}$$

$$\begin{aligned} I_{ad} &= I_{\mathrm{a}}\sin\psi \\ I_{aq} &= I_{\mathrm{a}}\cos\psi \end{aligned} \tag{3.3}$$

式（3.1）中，R_1 为电枢（定子）的电阻，X_1 为电枢（定子）的漏抗。当电机运行在工频下且电枢铁心磁路不饱和时可以忽略定子铁耗，可得到轴向磁场永磁同步电动机的相量图如图 3.8 所示，相应的等效电路图如图 3.9 所示。

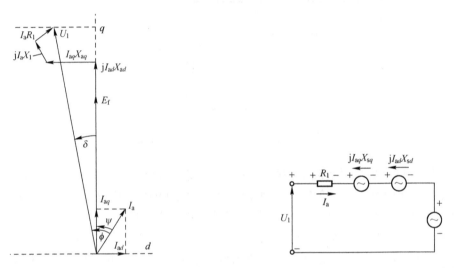

图 3.8　轴向磁场永磁同步电动机的相量图　　图 3.9　轴向磁场永磁同步电动机等效电路图（忽略定子铁耗）

3.3.2　轴向磁场永磁同步电动机的电磁功率和电磁转矩

根据相量图，得到输入电压 U_1 在 d 轴、q 轴上的投影分别为

$$U_1\sin\delta = I_{aq}X_{sq} - I_{ad}R_1 \tag{3.4}$$

$$U_1\cos\delta = E_{\mathrm{f}} + I_{ad}X_{sd} + I_{aq}R_1 \tag{3.5}$$

式中，δ 为负载角，即 U_1 和 EMF 之间的夹角，即

$$\delta = \arcsin\left(\frac{I_{aq}X_{sq} - I_{ad}R_1}{U_1}\right) \tag{3.6}$$

电动机的 d 轴、q 轴电枢电流分别为

$$I_{ad} = \frac{U_1(X_{sq}\cos\delta - R_1\sin\delta) - E_{\mathrm{f}}X_{sq}}{X_{ad}X_{sq} + R_1^2} \tag{3.7}$$

$$I_{aq} = \frac{U_1 \left(R_1 \cos\delta + X_{sd} \sin\delta \right) - E_f R_1}{X_{sd} X_{sq} + R_1^2} \tag{3.8}$$

电枢电流的有效值为

$$I_a = \sqrt{I_{ad}^2 + I_{aq}^2} = \frac{U_1}{X_{sd} X_{sq} + R_1^2} \times \tag{3.9}$$

$$\sqrt{\left[(X_{sq} \cos\delta - R_1 \sin\delta) - E_f X_{sq} \right]^2 + \left[(R_1 \cos\delta + X_{sd} \sin\delta) - E_f R_1 \right]^2}$$

利用电动机相量图可以求出电动机的输入功率：

$$P_{in} = m_1 U_1 I_a \cos\phi = m_1 U_1 (I_{aq} \cos\delta - I_{ad} \sin\delta) \tag{3.10}$$

电动机的电磁功率表达式为

$$\begin{aligned} P_{em} &= P_{in} - \Delta P_{1w} - \Delta P_{1Fe} \\ &= m_1 [I_{aq} E_f + I_{ad} I_{aq} (X_{sd} - X_{sq})] - \Delta P_{1Fe} \end{aligned} \tag{3.11}$$

式（3.11）也可以表示为

$$P_{em} = m_1 \left[I_{aq} E_f \cos\psi + \frac{I_a^2 \sin 2\psi}{2} (X_{sd} - X_{sq}) \right] \tag{3.12}$$

式中，ψ 为电枢电流 I_a 和 q 轴之间的夹角，即

$$\psi = \arccos\left(\frac{I_{aq}}{I_a} \right) = \arccos\left(\frac{I_{aq}}{\sqrt{I_{ad}^2 + I_{aq}^2}} \right) \tag{3.13}$$

产生的电磁转矩为

$$T_{em} = \frac{P_{em}}{2\pi n_s} = \frac{mp}{2} \left[\sqrt{2} N_1 k_{\omega 1} \Phi_f I_a \cos\psi + \frac{I_a^2 \sin 2\psi}{2} (L_{ad} - L_{aq}) \right] \tag{3.14}$$

对于埋入式和内嵌式 AFPM 转子，$X_{sd} < X_{sq}$ 和 $L_{sd} > L_{sq}$，表明电动机的电磁功率和电磁转矩除了一个基本分量，还有磁阻功率和磁阻转矩。对于表贴式 AFPM 转子，$X_{sd} = X_{sq}$，表明电动机没有这个磁阻转矩分量。

输入功率为

$$P_{in} = P_{em} + \Delta P_{1w} + \Delta P_{1Fe} \tag{3.15}$$

输出功率为

$$\begin{aligned} P_{out} &= P_{in} - \Delta P_{1w} - \Delta P_{1Fe} - \Delta P_{2Fe} - \Delta P_{PM} - \Delta P_e \\ &= P_{em} - \Delta P_{2Fe} - \Delta P_{PM} - \Delta P_e \end{aligned} \tag{3.16}$$

式中，ΔP_{1w} 为定子绕组损耗；ΔP_{1Fe} 为定子铁耗；ΔP_{2Fe} 为转子铁耗；ΔP_{PM} 为永磁体损耗；ΔP_e 为定子导体中的涡流损耗（只在无槽定子铁心中存在）。

3.3.3 轴向磁场永磁同步电动机的损耗

由式（3.16）可知，电动机的损耗包括定子绕组损耗、定子铁耗、永磁体损耗、转子铁耗、定子导体中的涡流损耗和机械损耗。

3.3.3.1 定子绕组损耗

定子绕组的每相直流电阻为

$$R_{1dc} = \frac{N_1 l_{1av}}{a_p a_w \sigma S_a} \tag{3.17}$$

式中，N_1 为电枢绕组每相匝数；l_{1av} 为每匝的平均长度；a_p 为并联支路数；a_w 为并绕导体根数；σ 为给定温度下电枢导体的电导，对于铜导体，温度为 $20^{\circ}C$ 时，$\sigma \approx 57 \times 10^6 S/m$, 在温度为 $75^{\circ}C$ 时，$\sigma \approx 47 \times 10^6 S/m$；$S_a$ 为导体横截面积。

对于分布在槽内的交流定子绕组的电阻为

$$R_1 \approx R_{1dc} k_{1R} \tag{3.18}$$

式中，k_{1R} 为定子电阻的集肤效应系数。工频下，采用圆导线的小容量电动机，$R_1 \approx R_{1dc}$，因此电枢绕组损耗为

$$\Delta P_{1w} = m_1 I_a^2 R_1 \approx m_1 I_a^2 R_{1dc} k_{1R} \tag{3.19}$$

3.3.3.2 定子铁耗

主磁场在磁性材料中交变，磁性材料被反复磁化，均会在铁心中产生损耗，即铁耗，包括磁滞损耗 ΔP_{hFe} 与涡流损耗 ΔP_{eFe}，即

$$\Delta P_{Fe} = \Delta P_{hFe} + \Delta P_{eFe} \tag{3.20}$$

定子（电枢）铁心中的磁通密度一般是非正弦的，转子永磁体励磁产生的是一个梯形的磁通密度波形。定子铁心中的涡流损耗可使用传统的公式来计算：

$$\begin{aligned}
\Delta P_{eFe} &= \frac{\pi^2}{6} \times \frac{\sigma_{Fe}}{\rho_{Fe}} f^2 d_{Fe}^2 m_{Fe} \sum_{n=1}^{\infty} n^2 [B_{mxn}^2 + B_{mzn}^2] \\
&= \frac{\pi^2}{6} \times \frac{\sigma_{Fe}}{\rho_{Fe}} f^2 d_{Fe}^2 m_{Fe} [B_{mx1}^2 + B_{mz1}^2] \eta_d^2
\end{aligned} \tag{3.21}$$

式中，σ_{Fe}、ρ_{Fe}、d_{Fe} 和 m_{Fe} 分别为硅钢叠片的电导率、比磁通密度、厚度和质量；n 为奇次谐波次数；B_{mxn} 和 B_{mzn} 分别为切向（X 轴）和轴向（Z 轴）磁场的 n 次谐波分量；η_d 为磁通密度的畸变系数。$\eta_d = 1$ 时所计算出来的损耗为基波磁通密度下的涡流损耗。

定子铁心的磁滞损耗也可用相似的方法来计算：

$$\begin{aligned}
\Delta P_{hFe} &= \varepsilon \frac{1}{100} f m_{Fe} \sum_{n=1}^{\infty} n^2 [B_{mxn}^2 + B_{mzn}^2] \\
&= \varepsilon \frac{1}{100} f m_{Fe} [B_{mx1}^2 + B_{mz1}^2] \eta_d^2
\end{aligned} \tag{3.22}$$

对于含硅量为 4%、各向异性硅钢片，$\varepsilon = 1.2 - 1.4 m^4/(Hkg)$；对于含硅量为 2%、各向同性硅钢片，$\varepsilon = 3.8 m^4/(Hkg)$；对于各向同性无硅电工钢片，$\varepsilon = 4.4 - 4.8 m^4/(Hkg)$。

按式（3.21）和式（3.22）计算出来的铁耗和测量的铁耗之间通常会存在一个差值，这是由于没有考虑磁异常和在冶炼与装配过程中引起的损耗。要考虑这些损耗可以引入一个损耗增加系数 k_{ad}，则

$$\Delta P_{1Fe} = k_{ad}(\Delta P_{hFe} + \Delta P_{eFe}) \tag{3.23}$$

若已知 50Hz、1T 定子铁耗为 $\Delta P_{1/50}$（单位为 W/kg），以及定子齿部和定子轭部的质量，则定子铁耗 ΔP_{Fe} 可以由下式计算：

$$\Delta P_{Fe} = \Delta P_{1/50} \left(\frac{f}{50}\right)^{4/3} [k_{adt} B_{1t}^2 m_{1t} + k_{ady} B_{1y}^2 m_{1y}] \tag{3.24}$$

56

式中，$k_{\mathrm{ad}t}$ 和 $k_{\mathrm{ad}y}$ 分别为定子齿部和定子轭部在冶炼与装配过程中的损耗增加系数，$k_{\mathrm{ad}t} > 1$，$k_{\mathrm{ad}y} > 1$；B_{1t} 为定子齿部磁通密度；B_{1y} 为定子轭部磁通密度；m_{1t} 为定子齿部质量；m_{1y} 为定子轭部质量。对于齿部，$k_{\mathrm{ad}t}$ 为 1.7～2.0，对于轭部，$k_{\mathrm{ad}y}$ 为 2.4～4.0。

3.3.3.3　永磁体损耗

烧结钕铁硼磁体电导率为 $(0.6～0.85) \times 10^6 \mathrm{S/m}$，钐钴永磁体的电导率为 $(1.1～1.4) \times 10^6 \mathrm{S/m}$，因为稀土永磁体的电导率约为铜导体电导率的 1/4～1/9。由定子电流引起的高次谐波磁场在永磁体中产生的损耗不可被忽略。其中，永磁体中最主要的损耗是由于定子开槽时的基波磁通密度引起的，因此这些损耗只存在开槽定子铁心的轴向磁场电机中。由于定子开槽引起的磁通密度分量的基频为

$$f_{\mathrm{sl}} = zpn_{\mathrm{s}} \tag{3.25}$$

式中，z 为定子槽数；p 为极对数；n_{s} 为转速，单位为 rev/s。

由于定子开槽引起的磁通密度分量为

$$B_{\mathrm{sl}} = a_{\mathrm{sl}} \beta_{\mathrm{sl}} k_{\mathrm{C}} B_{\mathrm{avg}} \tag{3.26}$$

其中：

$$a_{\mathrm{sl}} = \frac{4}{\pi} \left(0.5 + \frac{\Gamma^2}{0.78 - 2\Gamma^2} \right) \sin 1.6\pi\Gamma \tag{3.27}$$

$$\beta_{\mathrm{sl}} = 0.5 \left(1 - \frac{1}{\sqrt{1+k^2}} \right) \tag{3.28}$$

$$\Gamma = \frac{b_{14}}{t_1} \qquad k = \frac{b_{14}}{g'} \tag{3.29}$$

式中，b_{14} 为槽开口宽度；t_1 为槽距；g' 为等效气隙，$g' = g + h_{\mathrm{M}}/\mu_{\mathrm{r}}$，$h_{\mathrm{M}}$ 为每极永磁体厚度。假定永磁体相对磁导率 $\mu_{\mathrm{r}} \approx 1$，通过 2D 电磁场分布求解得到永磁体损耗的计算公式为

$$\Delta P_{\mathrm{PM}} = \frac{1}{2} a_{\mathrm{R}v} k_z \frac{|\alpha_v|^2}{\beta_v} \left(\frac{B_{\mathrm{sl}}}{\mu_0 \mu_{\mathrm{r}}} \right)^2 \frac{k_v}{\sigma_{\mathrm{PM}}} S_{\mathrm{PM}} \tag{3.30}$$

式中，

$$a_{\mathrm{R}v} = \frac{1}{\sqrt{2}} \sqrt{\sqrt{4 + \left(\frac{\beta_v}{k_v} \right)^4} + \left(\frac{\beta_v}{k_v} \right)^2} \tag{3.31}$$

$$\beta_v = v\frac{\pi}{\tau} \tag{3.32}$$

$$k_v = \sqrt{\frac{\omega_v \mu_0 \mu_{\mathrm{r}} \sigma}{2}} \tag{3.33}$$

$$\omega_v = 2\pi f_v = 2\pi v f \tag{3.34}$$

$$k_z = 1 + \frac{t_1}{D_{\mathrm{out}} - D_{\mathrm{in}}} \tag{3.35}$$

$$\alpha_v = \sqrt{\mathrm{j}\omega_v \mu_0 \mu_{\mathrm{r}} \sigma} = (1+\mathrm{j})k_v \tag{3.36}$$

式中，v 表示谐波次数；β_v、k_v、α_v 分别根据式（3.32）、式（3.33）和式（3.36）求得，式

中 $v=1$；σ_{PM} 为永磁体的电导率；S_{PM} 为所有永磁体的有效表面积。

$$S_{PM} = \frac{\pi}{4}\alpha_i(D_{out}^2 - D_{in}^2) \qquad (3.37)$$

当用 a_{Xv} 代替 a_{Rv} 时，也可以用式（3.30）估算出永磁体的无功损耗。a_{Xv} 的表达式为

$$a_{Xv} = \frac{1}{\sqrt{2}}\sqrt{\sqrt{4 + \left(\frac{\beta_v}{k_v}\right)^4} - \left(\frac{\beta_v}{k_v}\right)^2} \qquad (3.38)$$

3.3.3.4 转子铁耗

当转子经过定子齿部时，由于气隙磁阻快速变化形成脉动的磁通，因此在支承永磁体的实心铁磁钢盘转子中产生铁耗。

在实心铁磁钢盘中产生的铁耗可用类似于永磁体损耗的表达式来计算：

$$\Delta P_{2Fe} = \frac{1}{2}a_{RFe}k_z\frac{|\alpha_v|^2}{\beta_v}\left(\frac{B_{sl}}{\mu_0\mu_r}\right)^2\frac{k_v}{\sigma_{Fe}}S_{Fe} \qquad (3.39)$$

$$a_{RFe} = \frac{1}{\sqrt{2}}\left[\sqrt{4a_R^2a_X^2 + \left(a_R^2 - a_X^2 + \frac{\beta_v^2}{k_v^2}\right)^2} + a_R^2 - a_X^2 + \frac{\beta_v^2}{k_v^2}\right]^{\frac{1}{2}} \qquad (3.40)$$

$$S_{Fe} = \frac{\pi}{4}(D_{out}^2 - D_{in}^2) \qquad (3.41)$$

式（3.40）中，$a_R = 1.4 \sim 1.5$，$a_X = 0.8 \sim 0.9$。

3.3.3.5 定子导体中的涡流损耗

对于有槽的 AFPM 电机，当磁力线穿过定子齿部和定子轭部时，只有少量的漏磁通穿过导体之间的槽内空隙，定子绕组中的涡流损耗一般可以忽略。在无槽和无铁心电机中，定子绕组暴露在气隙磁场中。永磁体相对定子绕组运动会在导体中产生一个交变的磁场，从而在导体中引起涡流电流。在无定子铁心 AFPM 电机中使用实心铁磁转子盘时，除了有一个轴向磁场分量 B_{mz}，还有一个切向磁场分量 B_{mx}，这会导致严重的附加涡流损耗，特别是在高频的时候。忽略边缘效应，对于叠片铁心电机，定子导体中的涡流损耗可以用与式（3.21）相似的公式计算出来。

对于圆形导体：

$$\Delta P_e = \frac{\pi^2}{4}\times\frac{\sigma}{\rho}f^2d^2m_{con}\sum_{n=1}^{\infty}n^2[B_{mxn}^2 + B_{mzn}^2]$$
$$= \frac{\pi^2}{4}\times\frac{\sigma}{\rho}f^2d^2m_{con}[B_{mx1}^2 + B_{mz1}^2]\eta_d^2 \qquad (3.42)$$

对于矩形导体：

$$\Delta P_e = \frac{\pi^2}{3}\times\frac{\sigma}{\rho}f^2a^2m_{con}\sum_{n=1}^{\infty}n^2[B_{mxn}^2 + B_{mzn}^2]$$
$$= \frac{\pi^2}{4}\times\frac{\sigma}{\rho}f^2a^2m_{con}[B_{mx1}^2 + B_{mz1}^2]\eta_d^2 \qquad (3.43)$$

式中，d 为导体的直径；a 为与定子盘平行的导体的宽度；σ 为电导率；ρ 为导体的质量密度比；m_{con} 为除去端部连接和绝缘的定子导体的质量；f 为定子电流频率。

3.3.3.6 机械损耗

机械损耗 ΔP_{rot} 包括轴承摩擦损耗 ΔP_{fr}、风摩损耗 ΔP_{wind} 和通风损耗 ΔP_{went}（对于强迫通风冷却系统），即

$$\Delta P_{\text{rot}} = \Delta P_{\text{fr}} + \Delta P_{\text{wind}} + \Delta P_{\text{went}} \tag{3.44}$$

电动机的机械损耗与轴承类型、摩擦面的光滑程度、润滑剂和装配工艺等相关。中小容量的轴向磁场永磁同步电动机通常没有冷却风扇，故通风损耗为零。按照不同精度的要求，采用一些半经验公式来计算轴向磁场永磁同步电动机的旋转损耗。

摩擦损耗 ΔP_{fr} 为

$$\Delta P_{\text{fr}} = 0.06 k_{\text{fb}} (m_{\text{r}} + m_{\text{sh}}) n \tag{3.45}$$

风摩损耗 ΔP_{wind} 为

$$\Delta P_{\text{wind}} = \frac{1}{2} c_{\text{f}} \rho_{\text{cool}} (2\pi n_{\text{s}})^3 (R_{\text{out}}^2 - R_{\text{sh}}^2) \tag{3.46}$$

式中，k_{fb} 的取值为 $1 \sim 3\,\text{m}^2/\text{s}^2$；$m_{\text{r}}$ 为转子质量；m_{sh} 为轴承质量，单位为 kg；n_{s} 为电动机转速，单位为 r/min；c_{f} 为风阻系数；R_{out} 为转子外半径；R_{sh} 为转轴半径；ρ_{cool} 为冷却介质的密度。若轴向磁场永磁同步电动机的冷却介质为空气，在 20℃、1 个大气压下的密度为 1.2kg/m^3。当计算工作状态时的电动机风摩损耗时，空气密度应当换算成当前温度下的数值。式（3.46）中的风阻系数可表示为

$$c_{\text{f}} = \frac{3.87}{\sqrt{R_{\text{e}}}} \tag{3.47}$$

式中，R_{e} 为转子圆盘雷诺系数，可由下式计算：

$$R_{\text{e}} = \rho_{\text{cool}} \frac{R_{\text{out}} v}{\mu} = \frac{2\pi n \rho_{\text{cool}} R_{\text{out}}^2}{\mu} \tag{3.48}$$

式中，$v = 2\pi n R_{\text{out}}$ 为转子外半径 R_{out} 处的线速度；μ 为流体的动态黏滞度，空气的动态黏滞度 μ 在 20℃、1 个大气压下为 $1.8 \times 10^{-5}\text{Pa} \cdot \text{s}$。

3.4 双定子单转子轴向磁场永磁同步伺服电动机的设计

本章将设计一台额定功率为 3kW，额定转速为 788r/min 的双定子结构的轴向磁场永磁同步伺服电动机，其基本设计要求如表 3.1 所示。

表 3.1 电动机基本设计要求

参数	数值
额定功率/kW	3
额定转速/（r/min）	788
额定电压/V	380
额定频率/Hz	131.3
绕组连接方式	Y
额定效率	≥90%
额定功率因数	0.9
转动脉动	≤5%
相数	3

3.4.1　主要尺寸计算

3.4.1.1　电机内外径的确定

由第 2 章的分析可得出 AFPM 电机外径 D_{out} 的估算公式为

$$D_{out} = \sqrt[3]{\frac{480P}{\pi^2 \alpha_i K_{Nm} k_{\omega 1} A_{max} B_g n (1+k_d)(1-k_d^2)}} \tag{3.49}$$

式中，P 为电机额定功率；n 为电机转速；α_i 为计算极弧系数；$k_{\omega 1}$ 为绕组系数；B_g 为气隙磁通密度幅值；A_{max} 为最大电负荷，其取值范围为 10000～40000A/m。

本章设计的电机额定功率 P 为 3kW，额定转速 n 为 788r/min，额定相电压为 220V。气隙磁通密度 B_g 约为永磁体剩磁密度 B_r 的一半，对于双边 NS 磁路结构永磁电机 B_g 一般取 0.4～0.6T。初选 B_g 为 0.54，计算极弧系数 α_i 为 0.8，绕组系数 $k_{\omega 1}$ 为 0.93，电枢直径比 $k_d = 0.58$。将其代入式（3.49）可得 $D_{out} = 0.222m$，永磁体内径 $D_{in} = D_{out} \times k_d = 0.12876$。

3.4.1.2　轴向长度计算

对于双定子结构的 AFPM 电机，电机的轴向长度 L_e 可表示为

$$L_e = L_r + 2L_s + 2g \tag{3.50}$$

式中，L_r 为转子的轴向长度；L_s 为定子的轴向长度；g 为气隙的轴向长度。

转子的轴向长度可由下式表示：

$$L_r = 2h_M + h_{Fe} \tag{3.51}$$

式中，h_{Fe} 为转子铁心背板的厚度。

定子的轴向长度可由下式表示：

$$L_s = d_{cs} + d_{ss} \tag{3.52}$$

式中，d_{cs} 为定子铁心厚度；d_{ss} 为定子槽深度。它们分别由式（2.77）和式（2.78）决定。

另外，对于中小型轴向磁场永磁同步电动机，气隙的轴向长度 g 和永磁体外径 D_{out} 一般满足以下关系式：

$$g = 6 \times 10^{-3} D_{out} \tag{3.53}$$

3.4.1.3　定子齿部尺寸设计

本章电机定子采用的是 SMC-Si 钢组合铁心的结构形式，定子齿部由 SMC 制成，齿身呈锥形，相邻 SMC 定子齿间形成平行槽，采用图 2.8（a）所示的矩形半开口槽。由于 SMC 的饱和磁通密度较硅钢片的饱和磁通密度更低，为了避免定子齿身内径处饱和，可以通过下式确定内径处定子齿的宽度：

$$w_{t\_in} = \frac{\tau_{s\_in} \cdot B_g}{B_{sat\_SMC}} \tag{3.54}$$

式中，

$$\tau_{s\_in} = \frac{\pi D_{in}}{z} \tag{3.55}$$

式中，w_{t_in} 为内径处定子齿宽度；τ_{s_in} 为内径处定子齿距；B_{sat_SMC} 为 SMC 定子齿的饱和磁通密度；z 为定子槽数。

3.4.2　极槽配合

电机的极槽配合通常需要根据其应用场合进行选择，合理的极槽配合将使电动机的性

能得到更好的发挥。本章研究的轴向磁场永磁同步伺服电动机的转速较低，因此需要采用较多的极数，若采用整数槽绕组，则电机的槽数也将较多。AFPM 电机结构特殊，其定子齿的宽度沿径向向内不断减小，当电机槽数较多时，内径处齿的宽度将变得很窄，这将使得电机齿部更容易趋于饱和，同时使得反电动势波形发生畸变。因此，对于低速多极的轴向磁场永磁同步电机，可以采用分数槽设计。另外，对于本章设计采用的 SMC-Si 钢组合铁心的结构形式来说，想要将绕组线圈事先缠绕到 SMC 定子齿上，再将定子齿插入定子轭盘中固定，也必须选取这种跨距为 1 的集中绕组结构才能实现，因此绕组选择图 1.21 所示的扇形绕组。

对于分数槽集中绕组，采取理想的极槽配合也可以达到较高的绕组系数，若绕组系数高，则有利于提高材料的利用率。对于本章采用的双层分数槽集中绕组而言，每极每相槽数 q 可由下式表示：

$$q = \frac{z}{2mp} \tag{3.56}$$

式中，m 为相数；p 为极对数。

当 $m=3$ 时，式（3.56）可以写为

$$q = \frac{z}{6p} \tag{3.57}$$

极距的表达式为

$$\tau = \frac{z}{2p} \tag{3.58}$$

其节距系数为

$$k_y = \sin 90° \frac{y}{\tau} \tag{3.59}$$

式中，y 为节距，$y=1$。

图 3.10 所示为每极每相槽数与节距系数的关系图。由图可知，节距系数 k_y 随每极每相槽数 q 的增大先增大后减小，当 $q=0.333$ 时，节距系数取得最大值 1。表 3.2 所示为不同节距系数范围下的最大和最小的 q 值。可以看到，当 q 大于 0.5 或小于 0.25 时，节距系数 k_y 小于 0.866，将导致绕组系数不高。因此，电机极槽数的选取一般只考虑 q 大于 0.25 且小于 0.5 的槽/极配合。

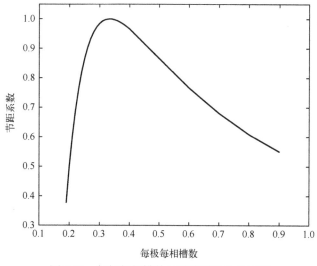

图 3.10　每极每相槽数与节距系数的关系图

61

表 3.2　不同节距系数范围下的最大和最小的 q 值

节距系数	最小的 q 值	最大的 q 值
$k_y>0.866$	0.25	0.50
$k_y>0.90$	0.2589	0.4676
$k_y>0.95$	0.2773	0.4178

本章研究的轴向磁场永磁同步伺服电动机的极对数取为 10，若要求满足节距系数 k_y 大于 0.9，则每极每相槽数 q 的取值范围为[0.2589，0.4676]。另外，为了保证电机绕组三相对称，电机槽数 z 也必须是 3 的整数倍。因此，由式（3.57）可计算得出相应的槽数分别为 18、21、24 和 27。综合考虑本章最终选用 20 极 24 槽的配合方式。

3.4.3　永磁体设计

对于永磁电机来说，永磁体的设计至关重要，直接关系电机的性能和经济性，因此，在设计中应尽量减少永磁体的用量以获得所需的特性。本章设计的双定子单转子轴向磁场永磁同步伺服电动机的永磁体采用常见的表贴式结构，永磁体粘贴在电机两侧转子盘上，磁极设计的相关参数主要包括永磁体形状、极弧系数和厚度的确定。

3.4.3.1　永磁体形状的确定

永磁体的形状对于永磁电机的气隙磁场分布尤为重要，将影响电机的输出性能，因此永磁体的形状要根据所需建立的气隙磁场来确定。AFPM 电机采用表贴式结构时的永磁体一般有扇形、梯形、矩形和圆形等类型，其示意图如图 3.11 所示。扇形永磁体内、外径处的极弧系数相等，因此气隙磁场的磁通密度分布较为均匀，同时这种形状的永磁体也更容易被加工。梯形永磁体内径处的极弧系数小于外径处的极弧系数，将导致定子内径处的磁通密度较低，不利于提升电机的功率密度，同时梯形永磁体的加工工艺难度也更高。相比之下，矩形永磁体易于加工，但其内径处的极弧系数更大，使得电机内径处的漏磁增加，也更容易出现饱和现象，而圆形永磁体更是存在边缘利用率低的问题，因此，轴向磁场永磁同步伺服电动机的永磁体形状一般选择扇形结构。

（a）扇形　　　　　　（b）梯形　　　　　　（c）矩形　　　　　　（d）圆形

图 3.11　四种不同的永磁体形状

3.4.3.2　极弧系数的确定

永磁体的极弧系数对电机的气隙磁通密度大小及其波形有很大的影响，同时决定了电机永磁体的用量。当电机极数确定后，如果极弧系数较小，则每极磁通量降低，电机产生的磁动势也较小，此时为了保持电机的输出性能不变，通常需要增加线圈的匝数，这在一定限度上增加了嵌线的难度。当永磁体的极弧系数较大时，相邻永磁体之间的间距缩小，将使极间漏磁增大。另外，由于气隙磁通密度谐波含量的增加，也将加大电机气隙磁场的畸变程度，因此极弧系数的选取也需要综合考虑以上所提及的各种因素。一般来说，表贴式 AFPM 电机的极弧系数通常取值范围为[0.6, 1]，由于本章设计的双定子单转子轴向磁场永磁同步伺服电动机采用 10 对极的设计，电动机极数较多，因此极弧系数选取 0.68。

3.4.3.3 永磁体厚度的确定

在确定了 AFPM 电机永磁体的内外径、形状和极弧系数后，电机的气隙磁场强度将由永磁体的厚度决定。根据电磁学推导，穿过定子电枢磁场的强弱和永磁体的厚度呈正相关关系，但当永磁体厚度增大至某一数值时，磁场强度将逐渐平稳。从电机的成本出发考虑，最具经济效益的永磁体的厚度 h_M 约等于电机的气隙长度 g，但如果所选永磁体材料的性能较差，通常也需要增加永磁体厚度来提高电机的气隙磁通密度。

为了选取最合适的永磁体厚度，本章基于有限元法对不同永磁体厚度下发电机的空载气隙磁通密度进行了分析，得到的结果如图 3.12 所示。可以看到，随着永磁体厚度的增加，电机气隙磁通密度的大小也不断增大，但其上升趋势明显变缓。当永磁体厚度为 1～3mm 时，气隙磁通密度小于 0.7T，当永磁体厚度为 4～6mm 时，气隙磁通密度有所提高，但其变化较为平稳，而永磁体成本却随之增加。综合考虑，永磁体厚度为 3mm 或 4mm 时是最合适的。由于本章设计的双定子单转子轴向磁场永磁同步伺服电动机气隙较大，最后选择单侧永磁体厚度为 4mm。

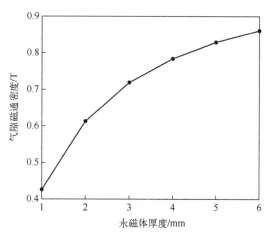

图 3.12 不同永磁体厚度下的气隙磁通密度

3.4.4 绕组设计

3.4.4.1 线圈的连接方式

与整数槽分布式绕组相比，分数槽集中绕组的两个线圈边分别放置在相邻的定子槽内，由此缩短了绕组端部的长度，减少了端部绕组导线的用量，降低了电机的铜耗和成本。同时，分数槽集中绕组形式也简化了其制造工艺，线圈可以直接缠绕在电机定子齿上，相比传统的嵌线工艺，此绕线方式可以提高电机的槽满率，还能提高电机的效率。

前面对极槽配合进行了研究，提出选用 20 极 24 槽的配合方式，根据槽的星形分布理论，槽数与极对数的最大公约数为 $t=2$。

星形图的矢量数：$z' = \dfrac{z}{t} = 12$。

两相邻矢量之间的角度：$\alpha = \dfrac{360°}{z'} = 30°$。

槽距角：$\alpha = p \times \dfrac{360}{z} = 150°$。

槽内各导体中感应电动势的空间矢量图如图 3.13 所示。

根据图 3.13 所示的槽内各导体中感应电动势的空间矢量图可以得到电动机定子绕组的连接方式，其定子绕组排布图如图 3.14 所示。由于本章设计的双定子单转子轴向磁场永磁同步伺服电动机采用双定子结构，两个定子的每相绕组串联形成电动机的每相绕组，因此电动机每相有 8 个槽，共 8 个集中线圈。

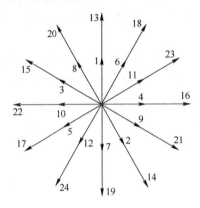
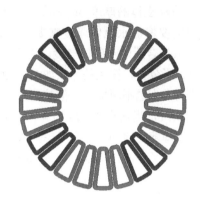

图 3.13　槽内各导体中感应电动势的空间矢量图　　图 3.14　定子绕组排布图

由式（3.59）可得，节距因数 k_y=0.9659。

分布因数：

$$k_d = \frac{\sin\dfrac{180}{2m}}{d\sin\dfrac{180}{2md}} = 0.9659$$

式中，d 为将每极每相槽数 q 化为真分数后分数的分子。

绕组因数：

$$k_w = k_d \cdot k_y = 0.9659 \times 0.9659 \approx 0.933$$

3.4.4.2　线圈计算

由电机功率 3kW，相电压 220V，得到电机相电流：

$$I_N = \frac{P_N}{3U_N \cos\psi} = 5.05A$$

则电枢绕组的导体截面积为

$$S = \frac{I_N}{aJ_s} \tag{3.60}$$

式中，a 为并联支路数；J_s 为电流密度，通常取 5～12A/mm²，本章预取 5.2A/mm²。

由式（3.60）可得：

$$S = 0.9712\text{mm}^2$$

$$r = 0.556\text{mm}$$

$$D = 1.112\text{mm}$$

根据计算结果，参照导线规格表选用截面积相近的铜线，最终选择导线的标称直径为1.12mm，其各项参数如表 3.3 所示。

表 3.3　导线规格

铜导体标称直径/mm	标称截面积/mm²	漆膜厚度/mm	20℃时电阻的阻值/(Ω/m)
1.12	0.9852	0.06～0.11	0.0184

综合以上分析，结合电机的额定数据，本章设计的双定子单转子轴向磁场永磁同步伺服电动机的初始设计参数如表 3.4 所示。

表 3.4　双定子单转子轴向磁场永磁同步伺服电动机的初始设计参数

参数	数值	参数	数值
额定功率/kW	3	定子齿身外径/mm	212
额定转速/(r/min)	788	定子齿身内径/mm	138
额定电压/V	380	定子轭部厚度/mm	6
定子槽数	24	平行槽宽/mm	10
转子极对数	10	平行槽高/mm	16.5
绕组连接方式	Y	槽口宽度/mm	4
单边气隙长度/mm	1.5	槽满率设计	80%
定子外径/mm	222	每槽线圈匝数	84
定子内径/mm	128	永磁体外径/mm	220
定子齿冠外径/mm	222	永磁体内径/mm	128
定子齿冠内径/mm	128	单边永磁体厚度/mm	4
定子齿冠厚度/mm	3	极弧系数	0.68

3.4.5　双定子单转子轴向磁场永磁同步伺服电动机的有限元分析

3.4.5.1　有限元模型的建立

轴向磁场电机与径向磁场电机的结构相差较大，其磁通分布也更为复杂，存在沿径向和轴向分布的"弯曲效应"和"边缘效应"。因此，在分析轴向磁场电机的磁场分布时，不能像径向磁场电机一样采用简化的二维电磁场的计算方法，而通常需要建立三维有限元模型进行更精确的计算。

三维有限元分析（Three-Dimensional Finite Element Analysis，3D FEA）法可以同时考虑到轴向磁场电机受"弯曲效应"和"边缘效应"的影响，能够极大地提高计算精度。同时，该方法也难以避免地存在占用计算机资源多、运算量大、计算时间长、设计效率低等缺点，因此三维有限元分析法一般仅对设计好的电机进行验证，而不适宜用于初始设计阶段。

根据轴向磁场永磁同步伺服电动机的初始设计参数，按照实际设计尺寸 1∶1 的比例建立电机的三维有限元分析模型，并对其进行仿真计算。为减小仿真范围，缩短仿真时间，本章利用轴向磁场电机结构的对称性，采用 1/4 模型进行仿真分析，该方法能在保证计算精度的前提下减少计算时间，从而提高计算效率。轴向磁场永磁同步伺服电动机的三维仿真部分模型如图 3.15 所示。

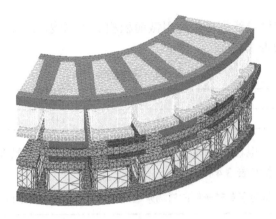

图 3.15　轴向磁场永磁同步伺服电动机的三维仿真剖分模型

3.4.5.2　空载特性分析

空载工况下，设定电机的转速为额定转速 788r/min，设置电机的电流激励源为零或构建外电路使电机接无穷大电阻。

图 3.16 所示为双定子单转子轴向磁场永磁同步伺服电动机的磁力线分布情况。从图中可以看出，磁力线从粘贴在转子盘上的永磁体出发，经由气隙垂直进入一侧定子齿部和定子轭部，再沿定子轭部周向进入相邻定子齿部，穿过气隙进入与出发永磁体相邻的永磁体，最后经另一侧气隙进入另一侧定子，经过一个对称路径后回到出发的磁极构成完整的闭合磁路，这与 3.1.2 节中分析的结论一致。

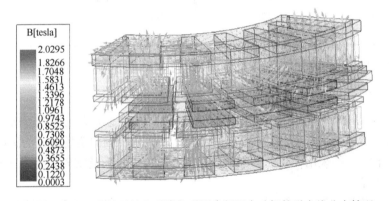

图 3.16　双定子单转子轴向磁场永磁同步伺服电动机的磁力线分布情况

电机空载运行时，在所选区域内不同半径下的三维气隙磁通密度分布图如图 3.17 所示。从图中可以看出，电机的气隙磁通密度波形大体呈正弦波形状，且对称分布。但由于存在高次谐波，波峰及波谷处都含有一定的尖顶波。图 3.18 所示为沿圆周方向取定子齿身中部平均半径处的轴向磁通密度。可以看出，由于永磁体和定子齿部之间相对位置的不同，各个定子齿部的磁通密度大小也有所差别，其中，定子齿身中部位置的磁通密度最大不超过 1.4T，设计较为合理。

图 3.19 所示为空载时的三相磁链波形。根据仿真结果，电机三相磁链之间的相位差为 120°电角度，幅值都约为 0.405Wb。空载时的三相反电动势波形如图 3.20 所示，可以看出，三相反电动势相位也互差 120°电角度，正弦波形对称性较好。

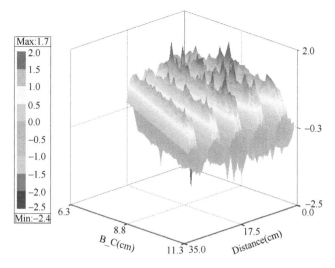

图 3.17　在所选位置处不同半径下的三维气隙磁通密度分布图

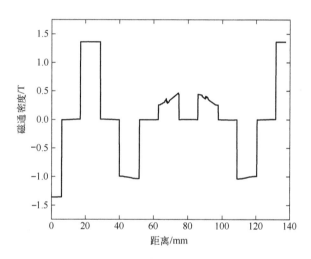

图 3.18　沿圆周方向取定子齿身中部平均半径处的轴向磁通密度

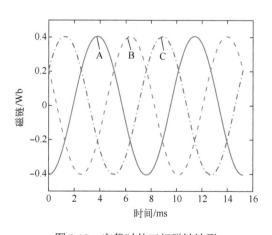

图 3.19　空载时的三相磁链波形

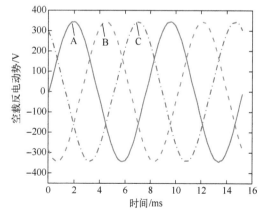

图 3.20　空载时的三相反电动势波形

对空载反电动势波形进行快速傅里叶变换（Fast Fourier Transform，FFT）分析，如图 3.21 所示。可以看到，空载反电动势的谐波主要包含 3、5、7、9 次谐波，但其含量都很低，通过计算可得总谐波畸变率（Total Harmonic Distortion，THD）仅为 2.53%，小于国标要求的不高于 5% 的标准。

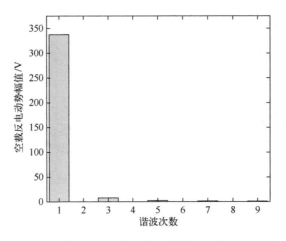

图 3.21　空载反电动势谐波分析

3.4.5.3　负载特性分析

负载反电动势波形如图 3.22 所示，当电机负载运行时，电机的转速依然设定为额定转速 788r/min。从图 3.22 中可以看出，负载运行时，三相反电动势有效值比空载时略低，其波形正弦性也较空载状态下的波形发生了一定的畸变。这是由于电机在负载运行时，电枢绕组中通过了电流，并产生了一个电枢磁场，该电枢磁场将作用于由永磁体生成的气隙主磁场，由此影响了原主磁场的分布和大小，不仅改变了电机的磁路而且对永磁体的工作点产生了影响。

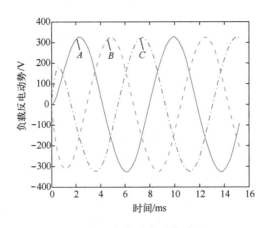

图 3.22　负载反电动势波形

电机的负载端电压波形和负载相电流波形分别如图 3.23 和图 3.24 所示。从图中可以看出，负载端电压的有效值约为 221V，与额定相电压的数值接近。相电流的波形正弦性良好且三相对称，其有效值约为 4.5A。

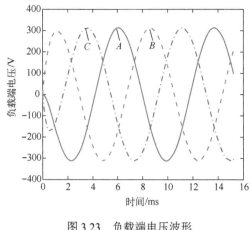

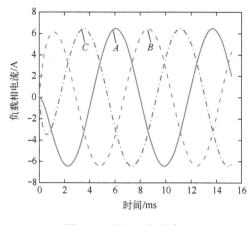

图 3.23 负载端电压波形   图 3.24 负载相电流波形

图 3.25 所示为电机的输出功率波形。由图可知，其波形大约经过 2ms 达到稳定，稳定后的输出功率平均值约为 3030W，满足设计要求。

图 3.26 所示为电机的电磁转矩波形。可以看到，其波形在 2ms 左右达到稳定，稳定后的平均值约为 38N·m，略大于额定值。从图 3.26 中还可以看到，电机的电磁转矩存在一定的转矩脉动，通过计算约为 3.48%，将影响电机的输出性能，因此后续将对其进行优化。

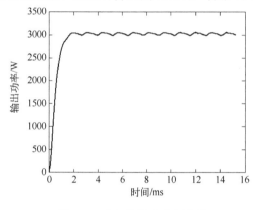

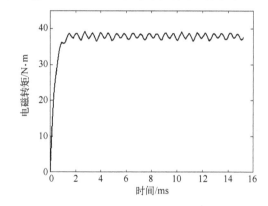

图 3.25 电机的输出功率波形   图 3.26 电机的电磁转矩波形

3.5 表贴式和嵌入式轴向磁场永磁同步伺服电动机对比研究

如 2.1.2 节所述，双定子单转子 AFPM 电机的转子存在多种结构形式，其中，相比于传统的表贴式结构，采用嵌入式结构的电机轴向长度更短，体积更小，可以进一步提高电机的功率密度。因此，本节基于初始设计的表贴式轴向磁场永磁同步伺服电动机的初始参数，对嵌入式轴向磁场永磁同步伺服电动机也进行了设计，并通过仿真对比了两种不同转子结构的轴向磁场永磁同步伺服电动机之间的性能差异。

3.5.1 嵌入式轴向磁场永磁同步伺服电动机的设计

为保证电机性能对比的有效性，两种电机皆采用双定子结构，且定子都为 SMC-Si 钢组合铁心的结构形式，其他各种参数尽量保持相同。由于转子结构的不同，因此嵌入式轴向磁场永磁同步伺服电动机在表贴式轴向磁场永磁同步伺服电动机的基础上，还需要进行以下两个方面的调整。

（1）嵌入式轴向磁场永磁同步伺服电动机的转子是将永磁体嵌入转子中间，为了使该电机在减小电机轴向长度的同时，依然能获得良好的电磁性能，两种电机永磁体的体积应该相同，同时其形状及其内外径保持不变，因此嵌入式轴向磁场永磁同步伺服电动机永磁体的厚度定为8mm，为表贴式轴向磁场永磁同步伺服电动机两侧永磁体厚度之和。

（2）嵌入式轴向磁场永磁同步伺服电动机去掉了转子背铁，同时，由于其磁通并不经过转子周向路径，因此该电机的转子可用铝等非磁性材料来填充永磁体之间的空间，并构建刚性结构。由于省去了转子背铁，嵌入式轴向磁场永磁同步伺服电动机的总轴向长度减少了5mm。

经调整后设计的嵌入式轴向磁场永磁同步伺服电动机如图 3.27 所示。

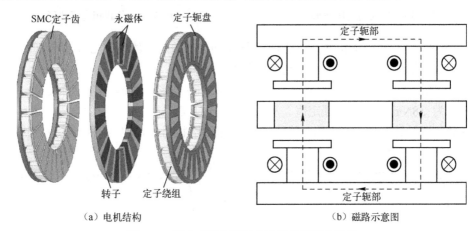

（a）电机结构　　　　　　　　　　　　（b）磁路示意图

图 3.27　嵌入式轴向磁场永磁同步伺服电动机

3.5.2　性能对比分析

在 788r/min 的额定转速下分别对两种不同转子结构的电动机的空载状态进行有限元仿真，得到一个电周期内的单相空载反电动势波形，如图 3.28 所示。从图 3.28 中可以看出，在相同永磁体体积和绕组匝数的条件下，两种电动机的反电动势波形基本重合且正弦性良好。空载运行时的齿槽转矩波形对比如图 3.29 所示，根据仿真结果，两种电动机在一个周期内的齿槽转矩十分接近，其中表贴式轴向磁场永磁同步伺服电动机的齿槽转矩稍大，其峰值约为2.18N·m。

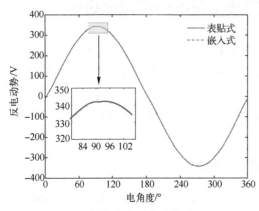

图 3.28　单相空载反电动势波形对比

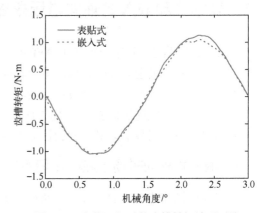

图 3.29　空载运行时的齿槽转矩波形对比

电动机在额定负载运行时的电磁转矩对比如图 3.30 所示。从图中可以看出，两种电动机的电磁转矩相差不大，这与空载反电动势的对比结果基本一致。根据仿真分析，嵌入式轴向磁场永磁同步伺服电动机的电磁转矩平均值约为 37.8N·m，略小于表贴式轴向磁场永磁同步伺服电动机的电磁转矩平均值。另外，从图 3.30 中还可以看出，嵌入式轴向磁场永磁同步伺服电动机存在一定的转矩脉动。

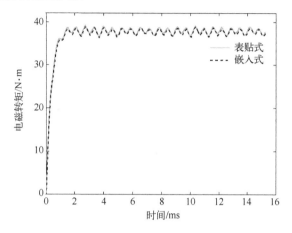

图 3.30　两种电动机在额定负载运行时的电磁转矩对比

空载及额定负载运行条件下两种电动机的永磁体涡流损耗情况的对比，如图 3.31 所示，从图中可以看出，在空载条件下，嵌入式轴向磁场永磁同步伺服电动机的永磁体涡流损耗高于表贴式轴向磁场永磁同步伺服电动机的永磁体涡流损耗。另外，由于本节所采用的绕组结构为 24 槽 20 极的分数槽集中绕组，当电动机运行在额定工况时，这种绕组会产生较大的谐波磁动势，将增大电动机的永磁体涡流损耗，因此两种电动机在额定运行条件下的永磁体涡流损耗与空载时的永磁体涡流损耗相比都有一定程度的增加，其中，嵌入式轴向磁场永磁同步伺服电动机的增幅更大一点。

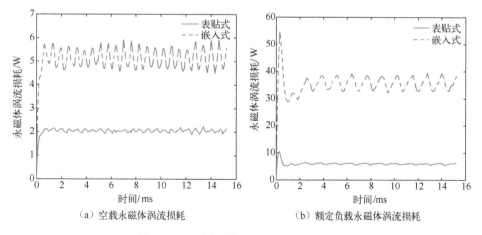

（a）空载永磁体涡流损耗　　　　　　（b）额定负载永磁体涡流损耗

图 3.31　两种电动机永磁体涡流损耗对比

额定负载时的铁耗对比如图 3.32 所示。由图可知，两种电动机之间的铁耗相差不大，其中表贴式轴向磁场永磁同步伺服电动机的铁耗稍高，这部分差异主要是因定子铁心中磁通密度的不同导致的。

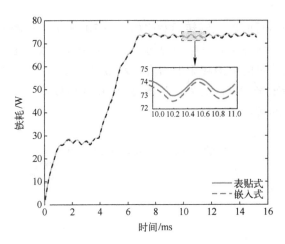

图 3.32 额定负载时的铁耗对比

在不考虑趋肤效应与邻近效应时，电动机的绕组铜耗一般为

$$P_{cu} = mI_a^2 R_1 \qquad (3.61)$$

式中，P_{cu} 为绕组铜耗；m 为电动机的相数；I_a 为绕组相电流的有效值；R_1 为每相绕组的电阻阻值。

其中，定子绕组相电阻阻值为

$$R_1 = \frac{N_1 l_{1av}}{a_p a_w \sigma s_a} \qquad (3.62)$$

式中，N_1 为每相串联匝数；l_{1av} 为每匝的平均长度；a_p 为并联支路数；a_w 为并绕导体根数；σ 为绕组的电导率；S_a 为导体截面积。

由于两种电动机的绕组匝数和线径的取值都相同，因此其相电阻的阻值相等，在不计机械损耗及杂散损耗的情况下，可得两种电动机的损耗及效率对比如表 3.5 所示。可以看到，由于两种电动机转子结构的不同，其永磁体涡流损耗的大小也相差较大。对于嵌入式轴向磁场永磁同步伺服电动机而言，永磁体涡流损耗过大将使转子散热更困难，降低了电动机的效率，同时在一定限度上会影响永磁体的性能，不利于电动机的运行。

表 3.5 两种电动机的损耗及效率对比

电动机类别	铁耗/W	永磁体涡流损耗/W	铜耗/W	效率
表贴式结构	73.7	6.02	118.6	93.8%
嵌入式结构	73.5	35.6	117.3	92.99%

另外，根据表 3.5 还可以看出，初始设计的表贴式轴向磁场永磁同步伺服电动机的绕组铜耗约为 118.6W，是电动机损耗的主要来源，而其铁耗约为 73.7W。因此，尽管电动机的定子齿部由 SMC 制成，其低频铁耗大的特性会在一定限度上增加电动机的损耗，但对于本节研究的电动机而言也是被允许的。

3.6 双定子单转子轴向磁场永磁同步伺服电动机电枢的制造

双定子单转子轴向磁场永磁同步伺服电动机的定子均为有铁心结构。轴向磁场电机的制造难点是定子叠片铁心，因此相当长一段时间阻碍了轴向磁场电机的发展。但随着电机制造工艺的改进和可替代硅钢片的新材料 SMC 的出现，轴向磁场电机的结构紧凑、高功率密度和高转矩密度的特点又引起了人们的关注和进一步的研究。

3.6.1　叠片定子铁心的制造

20 世纪 80 年代初，国外一些国家针对轴向磁场电机铁心制造问题，研制出了生产轴向磁场电机铁心关键设备——铁心自动冲卷机。20 世纪 80 年代末，国内自主研发出一台铁心自动冲卷机，解决了轴向磁场电机铁心制造困难等问题，图 3.33 所示为采用硅钢片叠压形成的轴向磁场电机定子铁心，这种电机铁心的制造成本较高。

（a）硅钢片叠压形成的定子铁心　　（b）线圈嵌入定子铁心示意图　　（c）定子装配图

图 3.33　采用硅钢片叠压形成的轴向磁场电机定子铁心

3.6.2　软磁复合材料形成的定子铁心

为了克服叠片铁心制造的困难，定子铁心可采用实体圆柱形 SMC 加工而成。图 3.34（a）所示为用软磁复合材料（SMC）加工而成的定子铁心。在实心的圆柱体上开了许多槽用来安好电枢绕组，并在槽的周围放了绝缘材料。装配好线圈的定子铁心如图 3.34（b）所示。

（a）用软磁复合材料加工而成的定子铁心　　（b）装配好线圈的定子铁心

图 3.34　SMC 定子铁心

3.6.3　SMC-Si 铁心的制造

由于 SMC 存在磁导率低、磁滞损耗大、单位铁耗大等缺陷，为了充分发挥 SMC 的优势，同时克服其缺陷，采用具有等方性的软磁复合材料（SMC）来形成定子齿部，用硅钢片带料冲孔后围成圆形的环，轴向叠压后形成定子铁心轭部，然后将齿固定在铁心轭部上。

图 3.35（a）所示为两个齿和铁心轭部连接的示意图，这样将 SMC 形成的齿与带冲叠片形成的铁心轭部结合起来就形成了电枢铁心，集中绕组绕制在定子齿部上。由于定子铁心

轭部采用硅钢片叠压而成，可以降低定子铁耗。图 3.35（b）所示为一台 220W、428r/min、14 极的 SMC-Si 钢组合铁心轴向磁场永磁同步伺服电动机样机。

（a）两个齿和铁心轭部连接的示意图

（b）SMC-Si钢组合铁心轴向磁场永磁同步伺服电动机样机

图 3.35　组合铁心轴向磁场永磁同步伺服电动机

第4章 单定子双转子轴向磁场永磁同步发电机

双定子单转子轴向磁场电机和单定子双转子轴向磁场电机都是双边气隙结构,增加了气隙的面积,有效地提高了材料的利用率和电机的功率密度。一般情况下,相对于双定子单转子轴向磁场永磁同步发电机来说,单定子双转子轴向磁场永磁同步发电机的总体性能更好。轴向磁场永磁同步发电机的转子结构一般较定子结构简单,转子由高性能的永磁体和转子铁心构成,永磁体通常做成扇形固定在转子铁心上。为了牢固,一般将永磁体用螺丝钉固定在转子铁心上,并用玻璃纤维绑扎带进行绑扎。而采用叠片电枢铁心的轴向磁场永磁同步发电机制造比较困难,因此单定子双转子轴向磁场永磁同步发电机的制造比双定子单转子轴向磁场永磁同步发电机的制造更简单。

4.1 单定子双转子轴向磁场永磁同步发电机的结构

单定子双转子轴向磁场永磁同步发电机为两边转子、中间定子的双边气隙结构,如图 4.1 所示。双转子结构消除了轴向磁拉力对中间定子盘的影响,能实现轴向力的平衡。

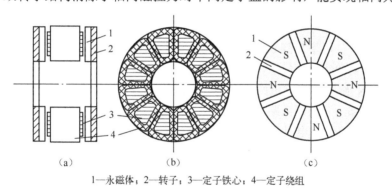

（a）　　　　　（b）　　　　　（c）

1—永磁体；2—转子；3—定子铁心；4—定子绕组

图 4.1　单定子双转子轴向磁场永磁同步发电机结构

单定子双转子轴向磁场永磁同步发电机除了具有轴向磁场电机结构紧凑、功率密度高和效率高的优点,还具有以下优点。

（1）单定子双转子轴向磁场永磁同步发电机的转子结构一般比较简单,由转子盘和永磁体组成。永磁体一般采用的是表贴式结构或嵌入式结构,安装在两个结构相同的转子盘的内表面,两个外转子对称分布在定子两边。单定子双转子轴向磁场永磁同步发电机只有一个定子,相比双定子单转子轴向磁场永磁同步发电机,简化了发电机的制造。

（2）单定子双转子 Torus 结构（也称为环形结构）的电机用一套定子绕组通过特殊的绕制方式,可以在定子的两边产生转速相同且方向相反的旋转磁场,因而可以很容易地实现两个转子对转，非常适用于水下航行器。水下航行器采用对转的螺旋桨推进可以更好地利用能量，即前面的螺旋桨旋转产生的涡动能量能够被后面的螺旋桨利用，两个对转的螺旋桨可以相互抵消对转的旋转力矩，平稳性更好。

（3）YASA 结构可视为传统 Torus 结构的进一步发展。YASA 电机由两个表面安装磁钢的外转子和一个内部定子组成，内部定子无定子轭部，由多个定子磁极模块组成，即分瓣-无轭部结构，如图 1.13 所示。与其他拓扑结构相比，YASA 结构具有许多显著的优点。首先，分瓣的结构使得每个绕组可以在装配前独立绕制成型，有利于大规模自动化生产；独立绕线的绕组可以事先安装在定子磁极铁心上形成定子磁极，然后多个定子磁极围成圆周形成定子铁心，因此电机的槽满率高。另外，YASA 电机的气隙面积较大，体积可以做得较小，因此电机的功率密度高，特别适合在有尺寸限制的条件下使用，因采用结构简单的集中绕组，减小了电机相间的互感，提高了各相之间的独立性和容错性。最后，由于没有定子磁轭，定子质量和损耗明显降低，效率得到提高。

（4）中间定子结构 AFPM 电机还有一个独特的优点，即特别适合无铁心或薄铁心结构，同时印在电路板上的绕组可以做得很薄，直接放在两个转子盘的夹缝中，如图 1.14 所示。

由第 2 章的分析可知，单定子双转子 AFPM 电机的中间定子结构比较灵活，可以有定子铁心，也可以无定子铁心。尽管无定子铁心结构有很多优点，但是只能做成小容量的电机。中大容量的电机一般采用有定子铁心结构。

单定子双转子 AFPM 电机的定子铁心可分为有槽和无槽两种。定子铁心无槽结构的 AFPM 电机采用环形电枢绕组，定子铁心由钢带沿周向绕制或由烧结粉末制成，总的气隙长度由定子绕组的厚度、机械间隙和永磁体在轴向上的厚度组成。由于气隙比较大，电机的气隙磁通密度一般不会超过 0.65T。对于定子铁心有槽的单定子双转子 AFPM 电机，其气隙较小，气隙磁通密度大，可增加到 0.85T。永磁体用量约节省 50%。

定子铁心有槽的单定子双转子 AFPM 电机有两种比较重要的结构，分别采用了 NN 和 NS 磁路结构。NN 磁路结构电机两侧对称的永磁体间的充磁方向相反，两侧转子的磁通都经过中间定子的轭部，并沿周向路径形成回路，因此需要增加中间定子轭部的厚度来避免轭部磁路饱和。NS 磁路结构电机两侧对称的永磁体间的充磁方向相同，其磁通沿轴向通过中间定子，因此，该种磁路结构的电机定子轭部可以做得很薄，甚至可以取消定子轭部，由此形成了无磁轭定子结构和定子无磁轭模块化结构。

有文献比较了这两种电机，得到结论：NN 型双转子定子开槽（NN Torus-S）电机的定子轭部比较大，因为有两个转子磁极产生的磁通通过它，定子轭部长度是一个特别重要的参数，它不仅影响电机的质量，还影响铁耗。但是它可以使用槽满率高的背对背绕组，这大大降低了绕组端部的凸出高度，增加了电机的功率密度和效率。相反，NS 型双转子定子开槽（NS Torus-S）电机的定子轭部可以做得很薄，甚至可以取消定子轭部，缩短了电机的轴向长度，增加了功率密度，降低了损耗。然而，为了产生转矩，这种电机不能采用结构简单的环形绕组，需要采用叠绕组或采用分数槽的集中绕组。采用叠绕组时槽满率较低，且绕组的端部较长，增加了电机的外径和铜耗。虽然后者的功率密度和效率稍高一些，但总的来讲，这两种电机的性能相差不大。

随着技术的进一步发展，出现了著名的 YASA 电机。YASA 电机的发展经历了三个阶段。第一个阶段，定子采用有轭部的整体结构，定子铁心由硅钢片沿周向卷绕而成，定子绕组环绕在定子铁心上。第二个阶段，随着 SMC 的出现和定子压结工艺的成熟，定子轭部尺寸被压缩到最小值，仅仅用作各个齿的联结，绕组则平绕在齿上。第三个阶段，完全取消了定子轭部，采用分瓣-无轭部结构，即 YASA 结构，使得电机转矩和功率密度得以最大化。

4.2 轴向磁场永磁同步发电机的电磁关系

轴向磁场永磁同步发电机与径向磁场永磁同步发电机的工作原理相同，因此可以采用相同的分析方法来分析电机的电磁关系，如对凸极同步发电机采用双反应理论进行分析，其电磁关系也有相同的表达式。

4.2.1 轴向磁场永磁同步发电机稳态运行时的基本方程式

根据双反应理论，发电机稳定运行于同步转速时，其电压平衡方程式为

$$
\begin{aligned}
\dot{E}_f &= \dot{U}_1 + \dot{I}_a R_1 + j\dot{I}_a X_1 + j\dot{I}_{ad} X_{ad} + j\dot{I}_{aq} X_{aq} \\
&= \dot{E}_f + \dot{I}_a R_1 + j\dot{I}_{ad} X_{sd} + j\dot{I}_{aq} X_{sq}
\end{aligned}
\tag{4.1}
$$

式中，

$$
\dot{I}_a = \dot{I}_{ad} + \dot{I}_{aq} \tag{4.2}
$$

$$
I_{ad} = I_a \sin\psi \tag{4.3}
$$

$$
I_{aq} = I_a \cos\psi \tag{4.4}
$$

式中，ψ 为电枢电流 I_a 和 q 轴之间的夹角，也是电枢电流 I_a 和电动势 E_f 之间的夹角。ψ 的值对应电机四种不同的运行状态，如图 4.2 所示。$0°<\psi<90°$ 为发电机过励运行，$-90°<\psi<0°$ 为发电机欠励运行，$90°<\psi<180°$ 为电动机过励运行，$-90°<\psi<-180°$ 为电动机欠励运行。过励运行的发电机能同时向负载或电网传送有功功率和无功功率。欠励运行的发电机向电网传送有功功率的同时，从电网吸收部分无功功率。欠励运行的电动机从电网吸收有功功率和无功功率。过励运行的电动机从电网吸收有功功率的同时向电网传送无功功率。

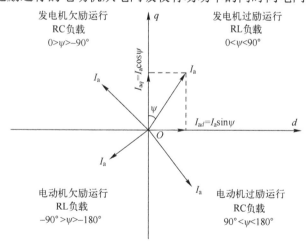

图 4.2　电枢电流 I_a 在 $d\text{-}q$ 坐标轴中的位置对应的电机运行状态

4.2.2 轴向磁场永磁同步发电机的相量图和等效电路

当发电机运行在工频下且电枢铁心磁路不饱和时可以忽略定子铁耗，得到带感性负载

的轴向磁场凸极同步发电机的相量图如图 4.3 所示，相应的等效电路图如图 4.4 所示。

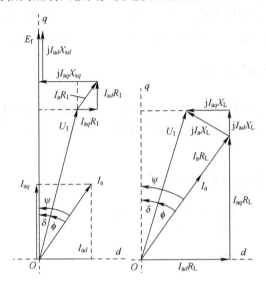 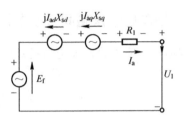

图 4.3　带感性负载的轴向磁场凸极同步　　　　图 4.4　带感性负载的轴向磁场凸极同步
　　　　　发电机的相量图　　　　　　　　　　　　　　　发电机的等效电路图

根据相量图，得到输入电压 U_1 在 d 轴、q 轴上的投影分别为

$$U_1 \sin\delta = I_{aq}X_{sq} - I_{ad}R_1 \tag{4.5}$$

$$U_1 \cos\delta = E_f - I_{ad}X_{sd} - I_{aq}R_1 \tag{4.6}$$

和

$$U_1 \sin\delta = I_{ad}R_L - I_{aq}X_L \tag{4.7}$$

$$U_1 \cos\delta = I_{ad}X_L + I_{aq}R_L \tag{4.8}$$

δ 为功率角，即 U_1 和 EMF 之间的夹角：

$$\delta = \arcsin\left(\frac{I_{ad}R_L - I_{aq}X_L}{U_1}\right) \tag{4.9}$$

接在输出端的每相负载阻抗 $Z_L = R_L + jX_L$。根据式（4.5）和式（4.6），可得到的 d 轴、q 轴电流分别为

$$I_{ad} = \frac{E_f X_{sq} - U_1(X_{sq}\cos\delta + R_1\sin\delta)}{X_{sd}X_{sq} + R_1^2} \tag{4.10}$$

$$I_{aq} = \frac{U_1(X_{sd}\sin\delta - R_1\cos\delta) + E_f R_1}{X_{sd}X_{sq} + R_1^2} \tag{4.11}$$

根据式（4.7）和式（4.8）得到的 d 轴、q 轴电流分别为

$$I_{ad} = \frac{U_1(X_L\cos\delta + R_L\sin\delta)}{X_L^2 + R_L^2} \tag{4.12}$$

$$I_{aq} = \frac{U_1(R_L \cos\delta - X_L \sin\delta)}{X_L^2 + R_L^2} \tag{4.13}$$

联合式（4.5）～式（4.8），消去 δ 得到的电流为

$$I_{ad} = \frac{E_f(X_{sq} + X_L)}{(X_{sd} + X_L)(X_{sq} + X_L) + (R_1 + R_L)^2} \tag{4.14}$$

$$I_{aq} = \frac{E_f(R_1 + R_L)}{(X_{sd} + X_L)(X_{sq} + X_L) + (R_1 + R_L)^2} \tag{4.15}$$

ψ 为电枢电流 I_a 和 q 轴之间的夹角，即

$$\psi = \arccos\left(\frac{I_{aq}}{I_a}\right) = \arccos\left(\frac{I_{aq}}{\sqrt{I_{ad}^2 + I_{aq}^2}}\right) \tag{4.16}$$

ϕ 为电枢电流 I_a 和电压 U_1 之间的夹角，即

$$\phi = \arccos\left(\frac{I_a R_L}{U_1}\right) = \arccos\left(\frac{R_L}{Z_L}\right) \tag{4.17}$$

根据相量图可以得到发电机的输出功率为

$$\begin{aligned} P_{out} &= m_1 U_1 I_a \cos\phi = m_1 U_1(I_{aq}\cos\delta + I_{ad}\sin\delta) \\ &= m_1[E_f I_{aq} - I_{ad} I_{aq}(X_{sd} - X_{sq}) - I_a^2 R_1] \end{aligned} \tag{4.18}$$

只考虑定子绕组损耗，忽略定子铁耗，发电机的电磁功率表达式为

$$\begin{aligned} P_{em} &= P_{out} + \Delta P_{1w} \\ &= m_1[I_{aq} E_f - I_{ad} I_{aq}(X_{sd} - X_{sq})] \end{aligned} \tag{4.19}$$

4.3　轴向磁场永磁同步发电机的电磁设计

4.3.1　定子、转子关键部件材料的确定

4.3.1.1　定子铁心材料的确定

轴向磁场永磁同步发电机的定子铁心采用电工硅钢片可降低发电机的铁耗，提高发电机的效率。因此硅钢片一直以来被用作电机的铁心材料，其中硅的含量对硅钢片的性能起决定性作用，铁中加入一定量的硅可以提高电阻率，使涡流损耗降低。但是加入硅后，铁心的磁感应强度会有所下降，随着硅的含量逐渐增加，硅钢片的脆性和硬度也逐渐增大，提高了加工难度。

轴向磁场永磁同步发电机定子铁心沿周向叠片，因此制造比较麻烦。随着材料技术的发展，出现了可用于制造定子铁心的新材料，即 SMC 和非晶材料等。SMC 又称磁粉芯，由软磁金属经过制粉、绝缘处理、黏结、压制、热处理等工艺制造而成，因此 SMC 具有很高的电阻率，这使得其涡流损耗低于硅钢片的涡流损耗，但相对磁导率也低于硅钢片的相对磁导率。在单定子双转子轴向磁场永磁同步发电机中，由于永磁体安装在转子表面，有效气隙相对较大，发电机磁路的磁阻本身较大，因此对于 SMC 的低磁导率并不敏感。

一般非晶材料通过将冶炼后的合金在一个冷却的旋转滚筒上铸造成非常薄的带状形状

来获得。图 4.5 所示为不同转速时两种发电机铁耗对比图，可以看出，硅钢发电机随着转速的提高，铁耗快速增加；非晶合金发电机在转速提高的同时，铁耗变化较小，在高转速下具有明显的低损耗的优势。在高效发电机中，定子铁耗在总损耗中所占比例比较大，而非晶材料的铁耗约为普通无取向电硅钢的十分之一，因此具有低铁耗的非晶材料对高效发电机具有特别大的吸引力。

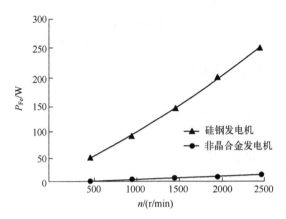

图 4.5　不同转速时两种发电机铁耗对比图

4.3.1.2　转子永磁材料的确定

永磁材料对于盘式永磁电机的性能、质量、体积和功率密度等具有重要影响，选择合适的永磁体有助于提高电机的性能，并且在一定限度上降低电机的制造成本。目前，盘式永磁电机使用的永磁材料主要分为三大类：铝镍钴永磁材料、铁氧体永磁材料和稀土永磁材料。铝镍钴永磁材料具有温度系数小、剩磁密度高等优点，主要运用于仪器仪表类对温度稳定性要求高的盘式永磁电机。但是这种永磁材料的矫顽力很低，并且永磁材料硬而脆，加工相对困难。铁氧体永磁材料具有价格相对低廉、矫顽力较大、制造工艺简单、质量较小等优点。但是这种永磁材料的剩磁密度低，永磁材料硬而脆，难以进行电加工，只能进行少量磨加工和切片。稀土永磁材料包括钕铁硼永磁材料和钐钴永磁材料，具有高剩磁、高矫顽力和高磁能积等优点。钐钴永磁材料的最高温度超过 350℃，退磁曲线为线性，但是成本较高，一般用在体积小、功率密度高的小容量伺服电机中。钕铁硼永磁材料价格比钐钴永磁材料便宜很多，是高性能盘式永磁电机的首选永磁材料之一。本节的盘式永磁电机采用的是钕铁硼永磁材料，型号为 N38，其主要性能指标如表 4.1 所示。

表 4.1　钕铁硼 N38 主要性能指标

型号	剩磁密度 B_r/T	矫顽力 B_{Hc}/(kA/m)	内禀矫顽力 J_{Hc}/(kA/m)	最大磁能积/(kJ/m³)	最高工作温度/℃
N38	1.22～1.25	≥899	≥955	287～310	120

4.3.2　轴向磁场永磁同步发电机主要尺寸的计算

4.3.2.1　轴向磁场永磁同步发电机外径的确定

在设计轴向磁场永磁同步发电机时，当电机的气隙磁通密度、最大电负荷和电机外径为定值时，其外径与内径之比为 $\sqrt{3}$，电机的输出功率最大。但是在实际设计中，还要考虑电机的漏磁、效率、成本效益和导线安放难易程度。相对来说，轴向磁场永磁同步发电机的外径与内径之比为 0.45~0.67。对于大型和中型电机的外径与内径之比为 0.45~0.59；对于小型电机的外径与内径之比为 0.58~0.67。

根据式（2.73）可得出轴向磁场永磁同步发电机的外径。本节要设计的发电机功率为 8kW，额定转速为 3000r/min，额定电压为 110V，取最大电负荷为 $A_{max}=40000$A/m，代入式（2.73）可得发电机永磁体的外径预取值为

$$D_{out} = \sqrt[3]{\frac{480P}{\pi^2 \alpha_p K_{Nm} k_{\omega 1} A B_g n (1+k_d)(1-k_d^2)}} \approx 0.20$$

永磁体的内径为

$$D_{in} = \frac{D_{out}}{\sqrt{3}} \approx 0.12 \text{m}$$

4.3.2.2　轴向磁场永磁同步发电机的轴向长度计算

可按照图 4.6 计算轴向磁场永磁同步发电机的整个轴向长度。

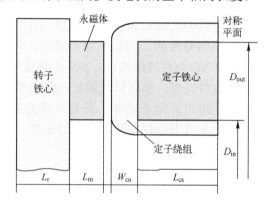

图 4.6　轴向磁场永磁同步发电机的轴向长度组成

单定子双转子轴向磁场永磁同步发电机总的轴向长度为

$$L_e = 2L_r + 2L_m + L_s + 2g \tag{4.20}$$

$$L_s = 2(W_{cu} + L_{cs}) \tag{4.21}$$

式中，L_r 为转子轴向长度，可根据式（2.75）计算；L_m 为磁钢充磁方向长度；L_s 为定子轴向长度；g 为气隙轴向长度。

在设计转子背铁厚度时，既要考虑磁通的要求，又要满足机械性能。一般来说，先把转子盘的厚度设计为定子铁心厚度的一半，再根据需要进行调整。磁钢的厚度一般根据电枢绕组长度和气隙的大小来确定，通过近似分析可以得出在理想情况下，永磁体最经济的尺寸是磁钢的厚度等于气隙的长度。这时气隙磁通密度为 $B_g \approx B_r/2$，永磁体剩余磁感应强度不是很高，对发电机设计不利，为了提高发电机气隙磁通密度，必须增加永磁体的厚度。一般来说，对于铁氧体永磁材料，永磁体的厚度为 $h_M=(3\sim6)g$，对于钕铁硼永磁材料，永磁体的厚度为 $h_M=(1\sim2)g$。

4.3.3　定子槽型的设定

定子槽型对于不同功率、不同极数的轴向磁场永磁同步发电机有所不同。有槽电机

一般是采用自动冲卷工艺或采用 SMC 直接加工而成的，为了减小齿槽转矩，一般选用半闭口的圆底槽和平底槽。本节采用非晶合金作为轴向磁场电机的定子材料，考虑到定子槽的加工难度和嵌线难度，采用开口槽形式，这样有利于加工，并且可以进行批量生产。但是开口槽的槽口宽度比较大，这会造成电机的齿槽转矩较高，对电机的性能产生一定影响。为了提高电机的性能，需要对轴向磁场电机的齿槽转矩进行优化，相关内容将在第 8 章进行介绍。例如，通过斜极来减小电机的齿槽转矩，利用磁性槽楔来减小开口槽的有效宽度等。

4.3.4　电机绕组形式的设定

轴向磁场电机的绕组有多种绕法，在无铁心轴向磁场电机中，常常采用印刷绕组或用胶封装绕组部分形成无铁心绕组。对于本节设计的有铁心轴向磁场电机，定子绕组通常有两种排列方式，一种是扇形绕组，另一种是环形绕组。扇形绕组和环形绕组的主要区别在于线圈的连接方式不同，环形绕组的线圈主要环绕在定子铁心轭部，具体绕制方向为沿轴向绕制；而扇形绕组可以为有铁心结构，也可以为无铁心结构，其绕制方向和环形绕组有所不同，主要是按周向分布的。相对于扇形绕组，环形绕组的定子安装较困难。由于 Torus 结构分为 NN 和 NS 两种磁路结构，NN 磁路结构需要较长的定子轭部，增加了有铁心轴向磁场电机的轴向长度，但可以采用结构简单的环形绕组。而 NS 磁路结构的定子轭部可以很短，甚至可以无定子轭部，但是考虑到机械结构和安装困难等问题，可以选取较短的定子轭部，从而提升轴向磁场电机功率密度。本节选取 NS 磁路结构的扇形绕组。

4.3.5　转子磁极的选择

与径向磁场电机相比，轴向磁场电机具有特殊的结构，这使得转子磁极形状有多种选择，包括扇形、梯形和环形等，如图 4.7 所示，分别对应图 2.12（a）、图 2.12（b）和图 2.12（c）。扇形磁极永磁体的内径、外径极弧系数相等，梯形磁极永磁体的外径极弧系数大于内径极弧系数，环形磁极永磁体的外径极弧系数小于内径极弧系数。图 2.13 的研究结果表明：扇形磁极定子齿磁通密度沿半径方向基本不变，如图 2.13（a）所示，这有利于提高计算的准确度。因此本节轴向磁场电机选择扇形永磁体。

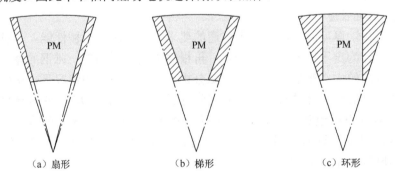

（a）扇形　　　　　　　　（b）梯形　　　　　　　　（c）环形

图 4.7　三种典型的永磁体磁极形状

综合考虑定子槽数和转子极数，以及加工成本上的影响，电机的极对数取 16，槽数取 48。

4.4 电机参数对气隙磁通密度的影响

4.4.1 极弧系数对气隙磁通密度的影响

在轴向磁场永磁同步发电机的电磁设计中，选取合理的极弧系数有利于优化电机的气隙磁通密度，从而提高电机的性能。随着极弧系数的变化，电机内部磁场的分布有所不同。在同一极弧系数下，随着半径的改变，气隙磁通密度的大小也随着变化。由于存在漏磁，电机的气隙磁通密度在平均半径处最大，内径和外径处的气隙磁通密度较小。图 4.8 所示为不同极弧系数下的平均半径处的气隙磁通密度曲线图，可以看出，当极弧系数 α_p 取值分别为 0.6、0.7、0.8、0.9 时，气隙磁通密度的幅值基本不变，气隙磁通密度的峰值宽度逐渐增加，所以较大的极弧系数有利于提高电机的功率密度。当极弧系数 α_p 为 0.6 时，气隙磁通密度的正弦性不是很好，存在一些谐波。当极弧系数 α_p 为 0.9 时，电机的漏磁增大，存在一定的尖波。图 4.9 所示为不同极弧系数下的电动势波形 THD（Total Harmonic Distortion，总谐波失真度）变化，可以看出，当极弧系数较小或较大时，THD 值较大，则电动势波形与正弦波形之间的偏差程度较大，当极弧系数 α_p 为 0.8 左右时，THD 值最小，电动势波形较好。因此，本节选取的极弧系数 α_p 为 0.8。

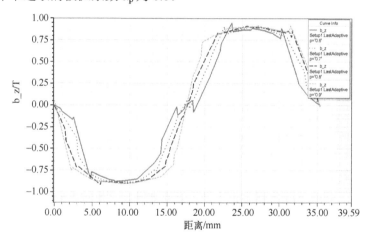

图 4.8 不同极弧系数下的平均半径处的气隙磁通密度曲线图

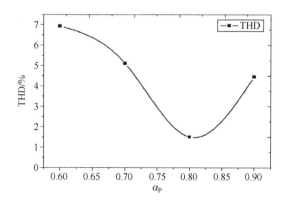

图 4.9 不同极弧系数下的电动势波形 THD 变化

4.4.2 永磁体厚度对气隙磁通密度的影响

在轴向磁场永磁同步发电机中，永磁体的成本占整个电机成本的比例最高，因此合理选取永磁体的厚度非常重要。根据电磁学知识可以推导出，随着永磁体厚度的增加，穿过气隙的磁场逐渐增强，当磁极厚度增加到某一数值后，磁场强度将趋于平稳。图 4.10 所示为半径 60mm 处的气隙磁通密度曲线图，由图可得，当永磁体厚度为 3mm 时，电机的气隙磁通密度最小，并且气隙磁通密度正弦性较差。当永磁体厚度为 4mm 及以上时，气隙磁通密度的幅值基本不变，且正弦性良好。

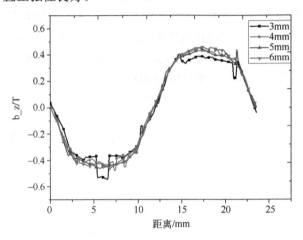

图 4.10　半径 60mm 处的气隙磁通密度曲线图

图 4.11 所示为半径 80mm 处的气隙磁通密度曲线图，由图可得，当永磁体厚度为 3mm 时，电机的气隙磁通密度最小，当永磁体厚度增加到 4mm 时，气隙磁通密度也随着增大，当永磁体厚度继续增加到 5mm 和 6mm 时，气隙磁通密度的幅值变化不大。图 4.12 所示为半径 100mm 处的气隙磁通密度分布图，由图可知，当永磁体厚度为 3mm 时，气隙磁通密度正弦性较差，当永磁体厚度为 4mm 及以上时，气隙磁通密度的幅值基本保持不变。

综上所述，当永磁体厚度达到 4mm 时，磁通密度几乎维持在稳定状态，考虑到电机的制造成本和性能要求，选取永磁体厚度为 4mm。

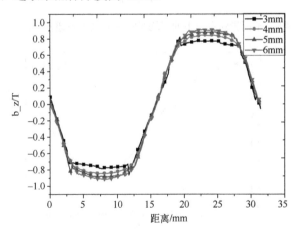

图 4.11　半径 80mm 处的气隙磁通密度曲线图

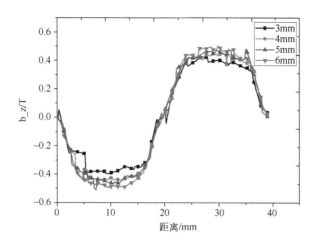

图 4.12 半径 100mm 处的气隙磁通密度曲线图

4.4.3 气隙的大小对气隙磁通密度的影响

气隙的大小不仅直接影响电机的气隙磁通密度幅值的大小、电机漏磁的大小、永磁体的利用率，还直接影响电机加工工艺的难度。图 4.13 所示为半径 80mm 处的不同气隙大小对气隙磁通密度的影响，由图可得，当电机气隙大小为 1mm 时，气隙磁通密度的幅值最大，随着轴向气隙大小的不断增加，气隙磁通密度的幅值逐渐减小。原则上气隙越小越好，不仅可以增大定子铁心的磁通量，还可以减少永磁体的用量。但是，气隙太小很容易使永磁体阵列和定子绕组间因气隙不均匀而刮擦。考虑到定子和转子的加工难度和永磁体阵列的安装难度，根据实际情况，本节选取的气隙大小为 1.6mm。

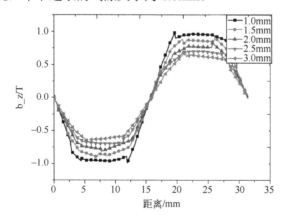

图 4.13 半径 80mm 处的不同气隙大小对气隙磁通密度的影响

通过改变极弧系数、气隙大小和永磁体厚度对轴向磁场电机的气隙磁通密度进行优化。表 4.2 所示为轴向磁场电机优化前后的数据。综上所述，优化后电机的气隙磁通密度正弦性更好。由于缩短了气隙的长度和减小了永磁体的厚度，因此轴向磁场电机的轴向尺寸进一步减小，在一定限度上提高了电机的功率密度。

表 4.2　轴向磁场电机优化前后的数据

主要参数	优化前数据	优化后数据
额定功率 P_N/kW	8	8
额定电压 U_N/V	110	110
额定转速 n/(r/min)	3000	3000
磁极对数 p	16	16
定子外径 D_{out}/mm	200	200
定子内径 D_{in}/mm	120	120
极弧系数	0.7	0.8
气隙大小/mm	2.0	1.6
转子磁极厚度/mm	5	4

4.5　8kW 单定子双转子轴向磁场永磁同步发电机电磁设计算例

Microsoft Excel 软件是 Microsoft 为 Windows 和 Apple Macintosh 操作系统编写和运行的一款计算软件，它可以进行各种数据的处理和统计分析，并且可以使用公式和函数对数据进行复杂运算。相对于传统手动电磁设计计算程序，采用 Excel 表格自动计算更为简单、快速、灵活，对于经验不足的电机设计者，把电磁设计公式导入 Excel 表格，采用试探法进行电机的初步设计，在很大限度上提高了工作效率。

通过以上分析，确定轴向磁场永磁同步发电机的主要参数后，电机其他参数可以根据前面分析得到的公式来确定。把计算公式导入 Excel 表格，为了便于查看，将不同类型的数据用不同字体表示，即输入的额定数据用粗体表示，由公式计算出来的数据用正体表示，给定的数据和系数用斜体加粗表示。通过更改粗体和斜体的数据可以自动计算得到用正体表示的数据。例如，当空载工作点校核大于1%时，只需要在表格里面修改空载漏磁系数便可自动计算空载工作点，直到满足条件为止。

对电机进行初步计算后，将计算数据导入 Excel 表格。表 4.3 所示为电机额定数据导入模块。表 4.4 所示为磁极设计模块。只需要输入用粗体表示的额定数据和电机的尺寸参数，用正体表示的数据就可以自动计算出来，也可以采用设计的表格进行电机的初步计算，来提高电机的设计效率。

表 4.3　电机输入额定数据模块

额定数据	公式	单位	算例数据
额定功率	P_N	W	**8000**
额定电压（线电压）	U_N	V	**110**
额定转速	n_N	r/min	**3000**
额定频率	$f = \dfrac{pn_N}{60}$	Hz	**800**
功率因素	$\cos\varphi$	—	**0.95**
额定效率	η_N	—	**0.90**

表 4.4 磁极设计模块

磁极设计	公式	单位	算例数据
永磁体形状	环形或扇形	—	扇形
永磁体外径	D_{out}	cm	20
永磁体内径	D_{in}	cm	12
永磁体磁化方向长度	h_{M}	cm	0.4
极对数	p	—	16
每极夹角	θ_{p}	°	9
极弧系数	$\alpha_{\text{p}} = \dfrac{p\theta_{\text{p}}}{180}$	—	0.8
永磁体每极截面积	$S_{\text{PM}} = \dfrac{\pi\alpha_{\text{p}}(D_{\text{out}}^2 - D_{\text{in}}^2)}{8p}$	cm²	5.0265
每转子上永磁体的体积（单侧）	$V_{\text{m}} = 2pS_{\text{PM}}h_{\text{M}}$	cm³	64.3398
每转子上永磁体的质量（单侧）	$M_{\text{m}} = \rho_{\text{m}}V_{\text{m}} \times 10^{-3}$	kg	0.4761

表 4.5 所示为电机主要尺寸模块。表 4.6 所示为电机磁路计算模块。用粗体表示的数据可以由基本公式和电机设计经验值得来，用斜体表示的数据为修正系数。当空载工作点误差大于 1%时，可以通过调节电机主要尺寸和修正系数，直到满足条件为止。

表 4.5 电机主要尺寸模块

主要尺寸	公式	单位	算例数据
定子外径	D_{out}	cm	20
定子内径	D_{in}	cm	12
定子轴向长度	l_{s}	cm	6
转子轴向长度	l_{r}	cm	0.8
气隙长度	g	cm	0.16
定子槽型尺寸	b_{s0} b_{s1} h_{s0} h_{s1} h_{s2}	mm	4.5 4.5 0 0 25

表 4.6 电机磁路计算模块

磁路计算	公式	单位	算例数据
计算极弧系数	$\alpha_{\text{i}} = \alpha_{\text{p}}$	—	0.8
气隙磁势的分布系数	K_{F}	—	0.95
气隙有效面积	$A_{\text{g}} = \dfrac{\alpha_{\text{i}}}{\alpha_{\text{p}}}K_{\text{F}}A_{\text{m}}$	cm²	4.7752
空载漏磁系数	$\sigma_0 = k(\sigma_1 + \sigma_2 - 1)$	—	1.65
径向漏磁系数	σ_1	—	1.2
周向漏磁系数	σ_2	—	1.3

磁路计算	公式	单位	算例数据
经验修正系数	k	—	*1.1*
预选磁钢空载工作点	$b'_{m0} = \dfrac{\sigma_0 K_F \alpha_i / \alpha_p}{\sigma_0 K_F \alpha_i / \alpha_p + \mu_r g / h_M}$	—	0.7905
空载气隙磁通	$\Phi_g = \dfrac{b'_{m0} B_r S_{PM} \times 10^{-4}}{\sigma_0}$	—	0.00027
气隙磁位差	$F_g = \dfrac{\Phi_g}{\mu_0 A_g} \times 100$	—	730.6632

4.6 轴向磁场永磁同步发电机的有限元分析

4.6.1 轴向磁场永磁同步发电机几何模型的建立

Ansys Maxwell 3D 提供了三种建模的方法：利用 Maxwell 软件自带的 RMxprt 模块输入所计算的参数，直接生成模型，但是有些复杂的结构难以被满足，需要从外部导入；用 Maxwell 有限元仿真软件自带绘图软件绘制，通过布尔、镜像和平移等操作建立所需要的模型，将实体模型划分网格生成节点和单元，但是需要精确的计算各个位置的具体坐标点，增加了一定的计算难度；先通过第三方设计软件建立的三维模型，然后导入 Maxwell 中计算，通过对实体模型划分网格生成节点和单元。

表 4.7 所示为电机优化后的主要参数。先将得到的参数在三维绘图软件 Solidworks 中按照 1∶1 的比例建立电机的三维模型，然后把模型导入 Ansys Maxwell 3D 中。对所导入的图形设置物体材料属性、边界条件，以及绕组和激励条件，分别在静磁场和瞬态场中进行仿真分析。图 4.14 所示为轴向磁场永磁同步发电机的 3D 全模型。由于电机为对称结构，并且 Maxwell 3D 仿真时间长，因此在实际仿真时，选取电机的 1/16 模型进行分析。为了达到与全模型分析相同的效果，在 1/16 模型上施加主从边界条件，并且将电机的对称周期设置为 16，仿真出来的结果将与全模型仿真出来的结果一致。

表 4.7 电机优化后的主要参数

主要参数	数值
额定功率 P_N/kW	8
额定电压 U_N/V	110
额定转速 n/（r/min）	3000
磁极对数 p	16
定子外径 D_{out}/mm	200
定子内径 D_{in}/mm	120
定子厚度/mm	60
极弧系数	0.8
转子背铁厚度/mm	8
转子磁极厚度/mm	4

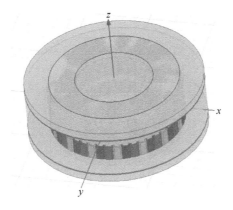

图 4.14　轴向磁场永磁同步发电机的 3D 全模型

4.6.2　静态场分析

电机建模完成后，需要对模型进行剖分设置。一般来说，为了提高有限元仿真的精确度，剖分的单元越多，计算精度越高。但是精度的提高往往需要消耗很多计算机资源，并且求解时间长，甚至会造成计算机内存不足，从而无法计算。这样不利于提高工作效率，所以选取合适的网格单元进行剖分设置对求解的精度和效率是很有必要的。图 4.15 所示为电机 1/16 剖分模型，采用表面剖分和内部剖分相结合的方法，对静止部分的求解域进行较疏剖分，对转子部分和气隙区间进行加密剖分。这样既能保证仿真结果的准确性，又能使计算机内存得到合理运行。

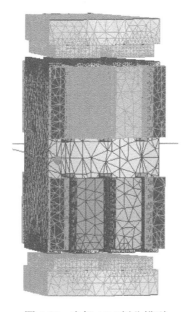

图 4.15　电机 1/16 剖分模型

静态场的电机磁场不随时间变化而变化，在静态场中可以分析电机的剖分图、磁通密度云图和气隙磁通密度波形图等。图 4.16 所示为在静态场下最终的求解信息，从图中可以看出，计算软件会根据每步的求解误差自动增加网格的剖分数量，直到达到设计要求才终止计算。一共进行了 6 步自适应求解计算，最终求解结果的误差不大于 1%。

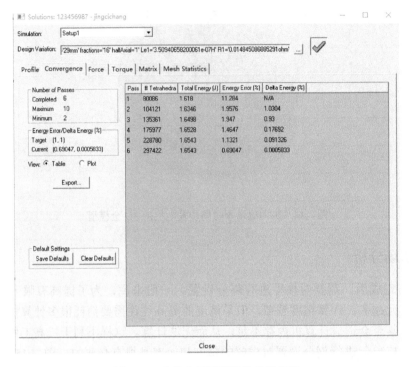

图 4.16　在静态场下最终的求解信息

图 4.17 所示为电机的磁通密度分布云图，从图中可以看出，电机的最大气隙磁通密度为 1.6T 左右，出现在定子齿部。因此，所设计的电机并没有出现过饱和现象。图 4.18 所示为电机永磁体的磁力线分布图，磁力线从磁极的 N 极流出，从相邻侧的 S 极流入。

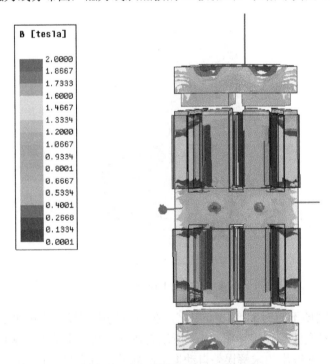

图 4.17　电机的磁通密度分布云图

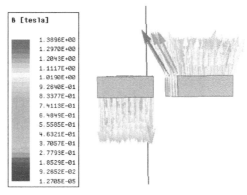

图 4.18　电机永磁体的磁力线分布图

图 4.19 所示为平均半径处的气隙磁通密度曲线图，虽然波形中含有少量的尖顶波，但是整体波形的正弦性良好。图 4.20 所示为轴向磁场电机的三维气隙磁通密度波形，该图为从内半径 60mm 处到外半径 100mm 处扫描的三维图。在不同半径处的气隙磁通密度是不一样的，在平均半径处的电机气隙磁通密度幅值最大，由于存在漏磁，电机内径和外径处的气隙磁通密度最小。轴向磁场电机三维气隙磁通密度波形也含有少量的尖顶波，存在一些高次的谐波，但是整体的气隙磁通密度正弦性良好，在三维气隙磁通密度波形中最大值达到 0.91T。

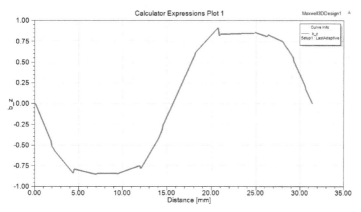

图 4.19　平均半径处的气隙磁通密度曲线图

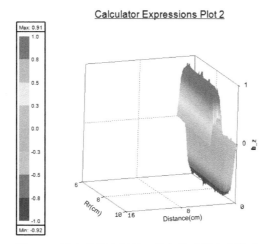

图 4.20　轴向磁场电机的三维气隙磁通密度波形

4.6.3 瞬态场分析

在实际的电磁场中，电压、电流和外加场是不断变化的，所施加的激励源与时间、速度或位置为函数关系，因此只对静态场分析还不够，还需要对瞬态场进行求解。瞬态场与静态场分析的步骤和方法相似，都需要建模、定义材料属性、划分网格和加载边界条件等。但是在进行瞬态场分析时有几个比较大的变化：在进行静态场分析时，在绕组上的激励是一个固定的值，不随时间变化，而在进行瞬态场分析时，所加的激励一般为三相交流电压或三相交流电流，在分析发电机的时候需要加外电路进行仿真分析；在进行瞬态场分析时，需要建立一个 Band 来区分电机的静止部分和转动部分，转动部分被包裹在 Band 里面，Band 定义为空气或真空状态。

电机磁路饱和会造成电机的效率降低和温升增加，并且漏抗加大，导致电机的启动转矩下降。因此，对电机磁通密度进行仿真分析，可以了解电机的整体性能。空载特性是电机的基本特性之一，可以根据电机空载仿真了解所设计的磁路是否合理。设定电机的额定转速为 3000r/min，在 Maxwell 3D 仿真软件中，为了模拟轴向永磁同步发电机的空载运行状态，将施加的电流激励设置为 0，如图 4.21 所示。

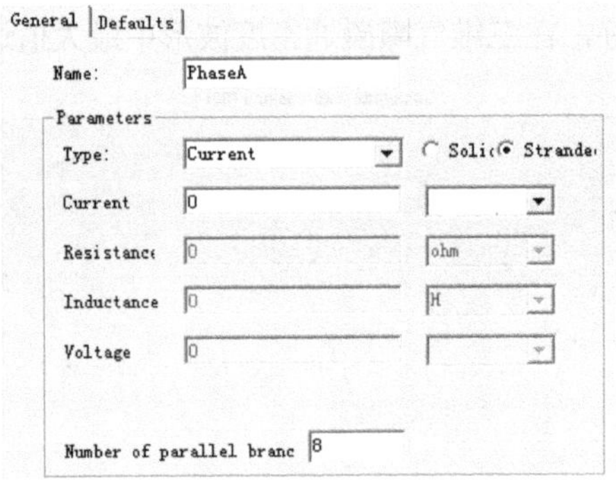

图 4.21　电流激励

经过 Maxwell 3D 有限元分析计算后，可以得到三相空载反电动势波形如图 4.22 所示，反电动势波形的正弦性较好，空载反电动势的幅值为 89.5V。图 4.23 所示为电机的磁链波形，从图中可以看出，磁链的变化曲线为正弦波，磁链的峰值为 0.018Wb，仿真周期为 5ms。

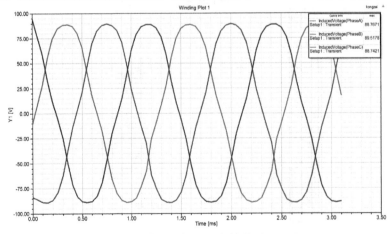

图 4.22　三相空载反电动势波形

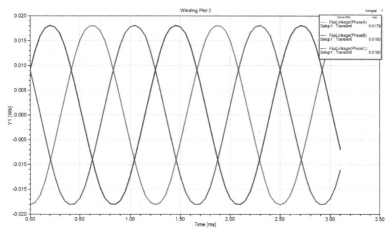

图 4.23 电机的磁链波形

通过对轴向磁场电机进行空载仿真，可以得到图 4.24 所示的空载磁通密度分布云图，从图中可以看出，电机的磁通密度最大值约为 1.58T，并未出现过饱和现象。图 4.25 所示为电机在空载状态下的额定电压曲线，其正弦性良好，有效值约为 112.8V，证明电机符合设计要求。

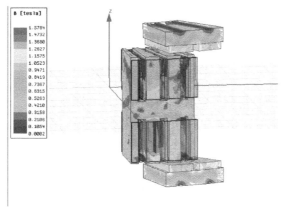

图 4.24 空载磁通密度分布云图

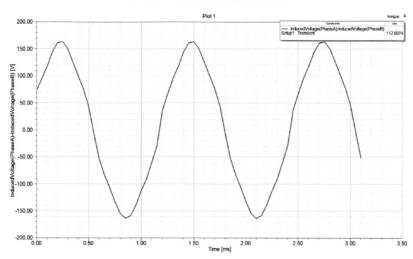

图 4.25 电机在空载状态下的额定电压曲线

轴向磁场永磁同步发电机的转矩是永磁体磁场和电枢绕组产生的磁场相互作用产生的，当两种磁场以一定的转速转动时，会产生有效的转矩。为了模拟轴向磁场永磁同步发电机的负载运行状态，可以施加外电路激励，如图 4.26 所示。

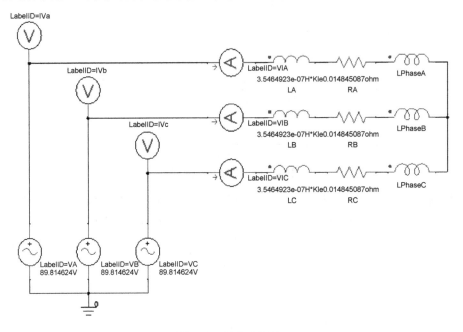

图 4.26　外电路激励

　　通过施加外电路激励，得到额定负载下的相电压和磁链波形，如图 4.27 和图 4.28 所示。相电压波形正弦性良好，由于电机在 0 时刻突然加电，电机从静止状态在极短时间内上升到额定转速，电流发生突变。因此，在初始一段时间内磁链处于振荡状态。图 4.29 所示为额定负载下的线电压波形，其正弦性良好，有效值约为 106.7V。

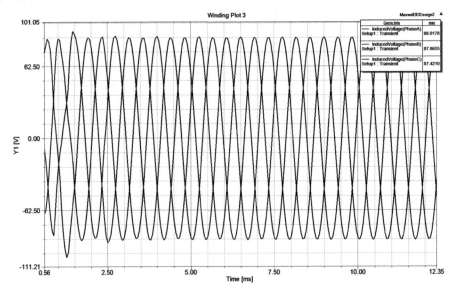

图 4.27　额定负载下的相电压波形

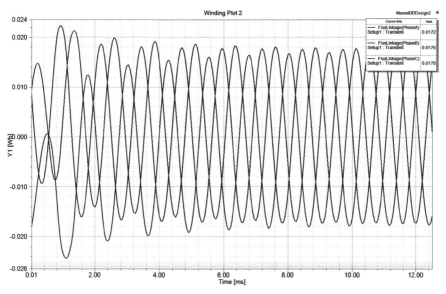

图 4.28   额定负载下的磁链波形

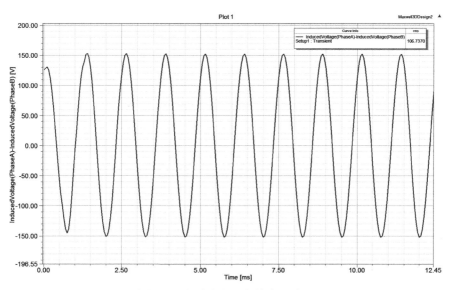

图 4.29   额定负载下的线电压波形

本章设计的电机额定功率为 8kW，转速为 3000r/min，根据公式 $T=9.55P/n$ 计算可以得出电机的额定转矩约为 25.47N·m。图 4.30 所示为电机输出转矩波形图，当电机运行平稳后，输出的转矩值约为 26.8N·m，其大小与理论计算结果相符，满足设计要求。

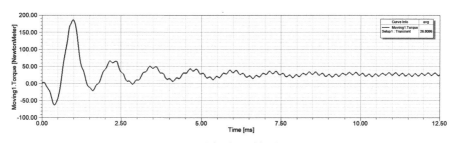

图 4.30   电机输出转矩波形图

4.7 非晶单定子双转子轴向磁场永磁同步发电机的制造

4.7.1 非晶定子铁心的制造

轴向磁场永磁同步发电机的定子铁心材料可以采用硅钢片制造，也可以采用 SMC 和非晶材料制造。图 4.31 所示为额定转速下非晶材料的铁耗曲线，在曲线上取 2～8ms 时间段的铁耗求取平均值为 42.48W。图 4.32 所示为额定转速下 DW360-50 的铁耗曲线，在曲线上取 2～8ms 时间段的铁耗的平均值为 1.38kW。相比 DW360-50，选取非晶材料可以大大减少电机的铁耗，从而提高电机的效率。因此，本设计中采用了非晶材料作为定子铁心。

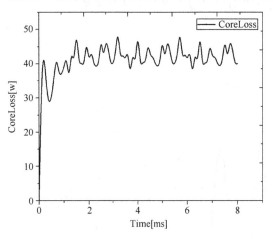

图 4.31　额定转速下非晶材料的铁耗曲线　　图 4.32　额定转速下 DW360-50 的铁耗曲线

非晶定子铁心的加工工艺不同于硅钢铁心，本节采用的非晶材料为厚度只有 25μm 的带状材质，它有非常高的硬度且较脆，因此在制造过程中需要采取特殊的处理工艺。轴向磁场永磁同步发电机的非晶定子铁心的制作过程包括带状非晶材料的转绕、非晶材料的涂层、非晶定子的固化、非晶定子铁心的退火热处理、非晶定子铁心的切割。带状非晶材料从定子内径大小处开始转绕，一层一层叠加，直到叠加到定子外径大小处为止。在转绕的同时，需要在带状非晶材料的表面喷涂胶水，同时施加一定的压力，让转绕的带状非晶材料之间相互贴合，减小层间间隙，保证叠加系数。在定子铁心转绕成型之后进行固化，固化处理完后需要进行热处理，以降低转绕工艺对带状非晶材料性能的影响。非晶定子铁心的独特性能只适合对定子进行线切割开槽。

采用非晶合金铁心的电磁性能在很大程度上受材料加工工艺的影响。非晶定子铁心的制作过程主要对带状非晶材料的损耗产生影响。退火热处理、不同的转绕方式都将对定子的电磁性能产生很大的影响。有文献通过设置不同退火方案对非晶材料的软磁性能进行试验对比，得到不同方案下的 B-H 曲线，该材料在最佳方案下的最大磁饱和强度达到 1.6T，未处理前非晶材料的最大磁饱和强度为 1.56T，这说明合适的退火工艺能够提升非晶材料的磁性能，缩短与常规硅钢片材料的电磁性能的差距，更有利于非晶材料在电机中的应用。在带状非晶材料在退火后需要进行固化，固化后的非晶定子铁心的防锈性能将进一步提升。所以非晶定子铁心在制作过程中要考虑各种因素，以减少非晶材料性能的恶化。

4.7.2　定子的安装固定

与常用的硅钢片相比，非晶材料的机械强度仍然有限，材质脆硬。定子采取卷绕的方式制成，定子的外径大小公差达到 2mm，如果采取传统的方法将电机定子和机壳采用过盈连接，那么定子和机壳的配合将会失效。电机绕组由图 4.33 所示的梯形线圈连接而成，采用不重叠的集中绕组。由于集中绕组产生的磁场和永磁体磁场相互作用，定子会承受较大的电磁力，因此需要浇注足够量的耐高温的非磁性非导电材料的环氧树脂，以将定子和机座牢牢固定，如图 4.34 所示。凝固的环氧树脂将定子铁心、绕组、机壳三者固定为一个整体，这样填充的环氧树脂就成了散热的介质，能够将热量传递到机壳上面，有利于电机散热。

图 4.33　梯形线圈绕组

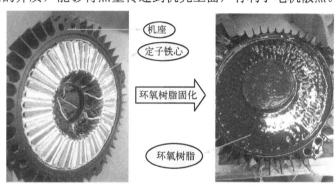

图 4.34　定子和机座的固定

4.7.3　转子的安装固定

两个转子盘位于定子盘的两侧，相对于定子的物理气隙应保持一致，若两个转子盘的气隙误差过大，则必定会引起不平衡的轴向磁拉力，这样会使得电机轴承的寿命大大降低，电机的噪声也会很大。因此在转子盘装配过程中，需要经过特别的设计、仔细校核，来保证两边转子部分的气隙长度在一个合适的误差范围。为了降低零件的制造难度、装配难度和系统成本，系统组件的数量应该尽可能少。图 4.35 所示为转子安装示意图。

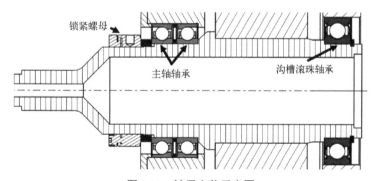

图 4.35　转子安装示意图

4.7.4　磁钢的安装固定和应力分析

4.7.4.1　磁钢的安装固定

转子盘为柱状体，每个转子盘上粘贴有 32 个极性交替的磁钢，如图 4.36 所示。为了使磁钢紧固在转子盘表面，需要另外涂抹用于粘连的胶。转子在高速旋转时磁钢是否可靠地粘连在转子盘上，需要通过转子和胶黏剂性能试验来验证。众所周知，温度升高，胶的性能会变差，在高温条件下，粘连胶材料的最大允许应力将明显降低。为此电机的散热性能要好，并且考虑到磁钢高温退磁的可能性，允许温升控制在 120℃ 范围内。有文献通过试验测试了在不同温度下磁钢粘连在定子上胶的最大允许应力。在测试中，定子和磁钢块通过工业胶黏剂黏合在一起。当样品被加热到设定的温度后，测量检测器垂直向下移动，直到两块板彼此分离为止。在此过程中，用探测器测量到与温度有关的最大允许应力，其中 120℃ 下的最大允许应力为 6.7MPa。

4.7.4.2 磁钢的应力分析

随着工业胶水在电机制造中的大量应用，其性能和可靠性都很高。基于三维有限元分析方法，通过 Workbench 来仿真磁钢和转子盘的应力情况。考虑到仿真所占计算机的内存和仿真时间，充分利用周期对称性，只分析部分磁钢和对应转子盘，如图 4.37 所示。设置转子转速为额定转速，对部分模型的应力分析仿真图如图 4.38 所示，由图可知磁钢和转子盘最大允许应力为 $4.8952\,e^{12}\,Pa$，满足安全条件。

图 4.36　转子铁心装配

图 4.37　部分磁钢和对应转子盘

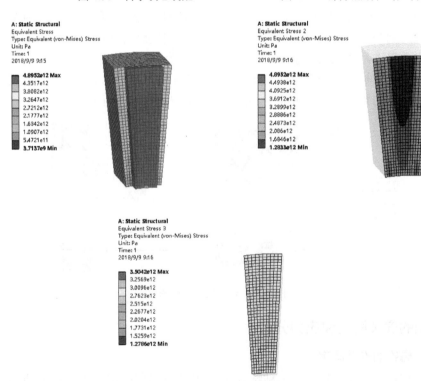
图 4.38　应力分析仿真图

上面对磁钢和转子盘进行了应力分析。由不锈钢制造的两个转子盘具有优异的机械性能和电气性能。两个转子盘上的磁钢应精确地互相对准，如何进行定位则需要特别设计一个磁钢盘，磁钢盘上开有磁钢大小的孔，通过该孔可以将磁钢镶嵌在磁钢盘上。通过对两个磁钢盘进行定位，能保证两个转子边与磁钢对齐。在高速旋转时，磁钢盘能够在切向方向支撑磁钢，示意图如图 4.39 所示。图 4.40 所示为 5.5kW 轴向磁场永磁同步发电机外形图。

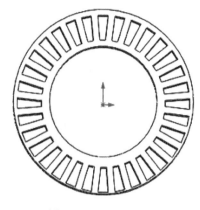

图 4.39　磁钢盘示意图　　　　图 4.40　5.5kW 轴向磁场永磁同步发电机外形图

4.8　无轭定子铁心的制造

4.8.1　SMC 制成的定子铁心

在单定子双转子电机采用 NS 磁路方案时，可以取消定子轭部，电机的电枢将由分段的定子铁心磁极通过某种方式连接而成，如图 1.13 所示的 YASA 电机结构采用的方式是在定子铁心上放置集中绕组。YASA 电机的定子齿部采用 SMC 制造时更加简单，其定子齿部可模压成型，这减少了切削加工量，如图 4.41（a）所示。但由于 SMC 的磁导率较低，电机的输出性能相对较差。为了解决这个问题，提出了一种齿部扩张的定子结构，如图 4.41（b）所示。该定子结构增加了铁心和永磁体之间的有效长度，使得电机的输出能力得以提升。另外，该种结构还提高了电机的槽满率，也在一定程度上减小了电机的电流密度和铜耗，更有利于电机效率的提高。

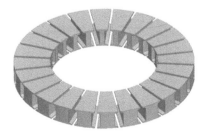

（a）定子铁心　　　　　　　　　　（b）齿部扩张的定子结构

图 4.41　YASA 电机定子铁心

4.8.2 硅钢片折叠形成的定子磁极

采用电工钢带折叠技术的定子磁极制造过程如图 4.42 所示。图 4.42（a）所示为将电工钢带按照与定子磁极半径呈一定比例分段，用切割机将分段处切割为能够对折的深度。图 4.42（b）所示为将经图 4.42（a）所示过程所得的分段叠片折叠。图 4.42（c）所示为将经图 4.42（b）所示过程所得定子磁极块用压机压紧。图 4.42（d）所示为将经图 4.42（c）所示过程所得的经过压缩后的定子磁极块用热固性树脂固定成型。

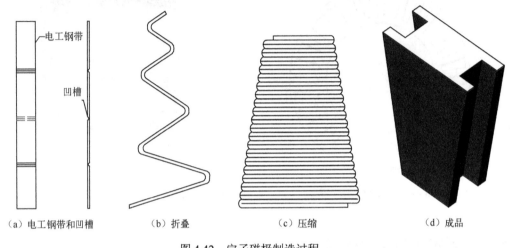

（a）电工钢带和凹槽　　（b）折叠　　（c）压缩　　（d）成品

图 4.42　定子磁极制造过程

4.9　无铁心绕组的制造

在无槽和无定子铁心电机中，定子绕组处在气隙磁场中，除了一个轴向分量，气隙磁通密度在定子绕组中还有一个切向分量，如图 4.43 所示。气隙磁通密度中切向分量的存在会导致严重的附加涡流损耗，因此在设计无铁心绕组时要采取措施以降低电机的涡流损耗。

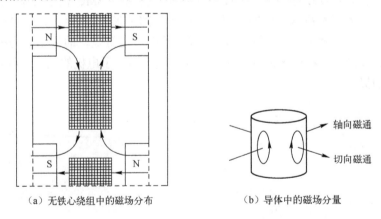

（a）无铁心绕组中的磁场分布　　　　（b）导体中的磁场分量

图 4.43　无铁心绕组中的涡流

导体中的涡流损耗取决于导线截面和形状，以及气隙磁通密度的大小与波形。要减少导体中的涡流损耗需要对定子绕组进行特殊设计，一般来说有以下三种方法。

（1）将几根小截面积的导线并绕，并用其代替大截面积的导线。

（2）采用多股绞合导线（利兹线）。

（3）使用铜带或铝带线圈。

　　绞合导线能显著减少涡流损耗，但电机的成本较高，并且线圈的槽满率低；铜带或铝带线圈的成本较低，因此当成本被看作优先考虑的指标时，推荐使用带状导体。一种成本效益好的绕线方法是使用几根细导线并绕，然而这会产生一个新问题。如果在每根导体里感应的电动势不能完全对称，那么将会在这些导体中产生环流，从而产生涡流损耗。如果电机运行的频率比较高，那么涡流损耗增加将更加明显，将会使轴向磁场电机的性能变差。当涡流产生的磁通相对于总磁通可以忽略时，涡流损耗可以用电阻来限制。在这种情况下，导体的直径比等效的磁场渗透深度小。要降低并绕导体绕制成的线圈中的环流，通常的做法是扭动线圈或使线圈换位，使每根并绕的导体在线圈的每层位置上占有相同的长度，目的是使所有并绕的导体中的感应电动势相等，因此不会在并绕的导体之间引起环流，从而减少线圈中的涡流损耗。3 根并绕的导体换位如图 4.44 所示。

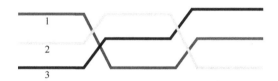

图 4.44　3 根并绕的导体换位

　　需要注意的是，当线圈不完全对称时，由于无铁心绕组的阻抗比较低，并联连接的线圈组之间也会存在环流，因此在制造过程中应尽量保持线圈的阻抗相同。

第 5 章 直驱轮式轴向磁场永磁风力发电机

本章研究一种新型的直驱轮式轴向磁场永磁风力发电机结构，从理论到实际，不仅需要建立发电机的模型进行电磁设计分析仿真（这对风力发电机性能的好坏起关键作用），而且在直驱轮式轴向磁场永磁风力发电机制造和安装过程中，定子和转子之间存在相当大的磁拉力，在实际设计部件时必须考虑。采用 Ansys 软件对整个风轮机的受力情况进行分析计算，以优化风轮机的结构，在确保发电机满足刚度要求的前提下，使结构的质量小，以保证发电机的高效性、高可靠性和低成本。

5.1 直驱轮式轴向磁场永磁风力发电机的结构

风力发电机是风力发电系统中将风能转换为电能的重要装置，风力发电机的质量不仅直接影响输出电能的质量和效率，也影响整个风电发电系统的性能和结构装置的复杂性。风力发电机的理想特性是结构简单、制造成本低、功率密度高、效率高、可靠性高和可维护性好。

目前，国内用于风力发电系统中的发电机主要是径向磁场电机。径向磁场电机具有结构简单、制造方便、漏磁小等优点，但径向磁场电机大多呈长筒形，直径较小，轴向尺寸很大，存在铁心利用率低、转子散热困难，以及齿部根茎处磁通密度高、易饱和等缺陷。而轴向磁场电机恰好相反，因其多盘式的结构，加大了磁场作用面积，这使得电机的功率和转矩密度更高。特别是当电机的极数比较多，轴向长度与转子外径比很小时，轴向磁场电机较径向磁场电机具有较高的转矩密度。

另外，轴向磁场电机大多具有直径较大、轴向尺寸很薄的特点，散热容易，适合做成多极低速直驱电机，无容易出问题的齿轮箱，提高了系统的效率。再者，随着风力发电机单机容量的增大，发电机径向尺寸和质量越来越大，制造成本越来越高，这成了阻碍直驱轮式轴向磁场永磁风力发电机向大功率方向发展的重要因素，可以通过轴向磁场电机的多盘式结构、模块式结构来提高发电机的输出功率，无须增加电机的外径。因而轴向磁场电机特别适合应用在直驱风力发电的场合。

本章提出了一种新型的直驱轮式轴向磁场永磁风力发电机结构，定子开槽有轭部。定子铁心用 SMC 分块压制而成，解决了传统叠片铁心制造的难题。转子由高性能的永磁体和转子铁心构成。定子和转子通过辐条和主轴连接，这样能够很好地减小风力发电机的挡风面积，同时能够大幅度减少整个风力发电机的质量。将发电机和风叶集成在一起，需要将风叶和发电机的两个外转子凭借一个支撑架连接到一起，这可以很好地减少风叶摆动对风力发电机的影响。直驱轮式轴向磁场永磁风力发电机三维示意图如图 5.1 所示。

如图 5.2 所示，直驱轮式轴向磁场永磁风力发电机由风叶、风叶支架、辐条、轮式定子、轮式转子、连接套筒、轴承、主轴等部件组成，主轴固定在塔架上，轴向磁场轮式定子通过辐条安装在主轴上，并与主轴保持相对静止，两个轮式转子通过辐条固定在定子两侧的套筒上，与定子间存在气隙，通过轴承绕主轴进行旋转运动。该直驱轮式轴向磁场永磁风力发电机有三个风叶和三个风叶支架，风叶支架呈倒"Y"型，每个叶片之间通过支架连接，风叶支架的另一端分别由定子两侧的套筒连接固定,风叶支架起到连接风叶和电机并传递转矩的作用。工作时,风叶转动通过风叶支架传递转矩给套筒,带动两个转子绕主轴进行旋转运动,定子通过切割磁力线产生感应电动势而发电。

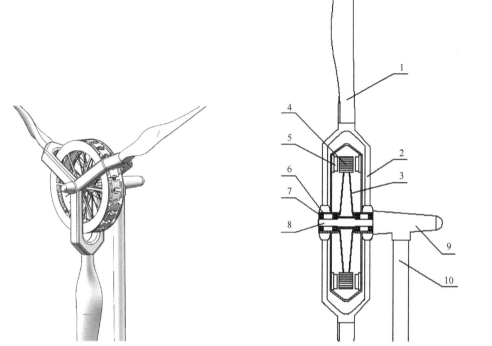

1—风叶;2—风叶支架;3—辐条;4—轮式定子;5—轮式转子;

6—连接套筒;7—轴承;8—主轴;9—机舱;10—塔架

图 5.1　直驱轮式轴向磁场永磁风力发电机三维示意图　　　　图 5.2　风力发电机结构示意图

直驱轮式轴向磁场永磁风力发电机结构有以下几个优点。

① 电机和风叶集成在一起,结构简单,使用零部件少,减少了整机质量,与传统永磁风力发电机质量相比降低 20%以上,减小了对风机塔架及基础的作用载荷,设备总成本降低了 20%左右。

② 轮式转子和轮式定子与主轴之间采用辐条连接,减少了风叶中心的挡风面积及质量,同时风叶支架与转子间通过套筒轴承传动装置直接传递动力,避免了风机叶片支架沿轴向的摆动对发电机的影响。相对于其他直驱风力发电机结构,能够有效降低风机叶轮的摆动等有害冲击对发电机运行造成的影响,提高了风能利用率。

③ 整体结构为镂空,风可以自由穿过,不仅减小了风机在迎风方向的推力,还提高了发电机的通风散热能力。

④ 轴向磁场永磁风力发电机轮式定子为分块组合,方便制造、装配和维护,同时可以很好地解决传统直驱风力发电机存在的公路运输和吊装问题。

5.2　直驱轮式轴向磁场永磁风力发电机的主要部件设计

对直驱轮式轴向磁场永磁风力发电机进行设计需要考虑以下几个方面。

① 直驱轮式轴向磁场永磁风力发电机的运行环境条件苛刻，要求发电机具有安全、可靠性高、良好的耐低温、高湿度、抗风沙、耐腐蚀、抗冲击、防振动、性能稳定、不需要维护等特性。

② 直驱轮式轴向磁场永磁风力发电机启动转速和额定转速比较低，定子、转子尺寸大，通常设计成扁平盘状，以提高圆周线速度。

③ 直驱轮式轴向磁场永磁风力发电机起动转矩尽量小，以降低切入风速，提高风力发电系统的效率。

④ 采用分数槽绕组削弱高次谐波，降低齿槽效应。

5.2.1 风叶支架设计

本节提出的直驱轮式轴向磁场永磁风力发电机没有笨重的轮毂结构，风叶通过风叶支架直接连接在两个盘式转子上。风叶支架结构示意图如图 5.3 所示。

图 5.3　风叶支架结构示意图

风叶支架呈倒"Y"型，一端与风叶通过紧固件连接，另一端两个分叉连接到定子两侧的转子套筒，并与转子一起转动。风叶支架起到固定风叶、传递转矩的作用，相当于传统风力发电机的轮毂结构。材质选用的是与制造风叶类似的树脂基复合材料。树脂基复合材料具有优良的综合性能，能充分发挥支撑构件和传递应力的作用，同时具有很好的强度、刚度、耐腐蚀性和复杂形状整体成型等优势，并且质量小，特别适合制造风力发电机组部件。

5.2.2 定子铁心材质的选择

电工钢叠层是电机中最常用的铁心材料。电工钢一般分为晶粒取向电工钢和无取向电工钢。无取向电工钢在不同种类的旋转电机中被广泛使用。

直驱轮式轴向磁场永磁风力发电机定子铁心通常由电工钢片带料冲制卷绕而成，如图 5.4 所示。定子铁心硅钢片在进行冲制槽型时，叠片之间容易出现短路问题，当卷绕时，又会出现预先打好的槽难以对齐的问题，因此定子铁心的加工是直驱轮式轴向磁场永磁风力发电机制造的关键。图 5.5 所示为由 SMC 压制的分块定子铁心，它可以很好地解决这个问题。

SMC 可压制成任意复杂结构形状的定子铁心，大批量生产制造时成本低，但是与传统硅钢叠片相比，SMC 具有相对磁导率低、磁滞损耗大、导热性差等缺点，然而由于直驱轮式轴向磁场永磁风力发电机本身的特点，SMC 相对磁导率低的缺点可以得到很好的改善。

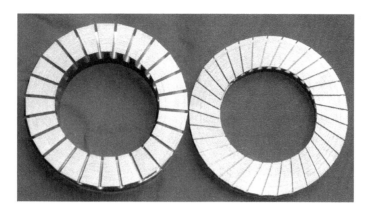

图 5.4　直驱轮式轴向磁场永磁风力发电机绕制的定子铁心

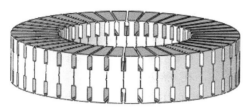

（a）定子铁心结构示意图　　　　　　（b）单个分块定子铁心结构

图 5.5　由 SMC 压制的分块定子铁心

直驱轮式轴向磁场永磁风力发电机设计拟选用牌号为 SomaloyTM500 的 SMC。SomaloyTM500 的饱和磁通密度达到 2.1T，最大相对磁导率为 500，是目前世界上主要应用的 SMC。SMC 材质的定子铁心采用分块压制的方法制成，每个分块上有燕尾筋槽，用于与电枢绕组组合镶嵌装配，如图 5.5 所示，可以很好地提高槽满率，降低热阻率和端绕组长度，提高电机性能及拆装效率，降低成本。

5.2.3　电枢绕组结构设计

本章设计的直驱轮式轴向磁场永磁风力发电机定子是有槽有轭部的 NN 磁路结构，绕组分为三相，绕组采用的是集中绕组中的环形绕组，即背靠背绕组，有 14 极三相共 42 套绕组。图 5.6 所示为一对极下的绕组示意图，其中 x 轴为电机周向，y 轴为电机轴向。直驱轮式轴向磁场永磁风力发电机定子绕组三维模型如图 5.7（a）所示，环形绕组示意图如图 5.7（b）所示。

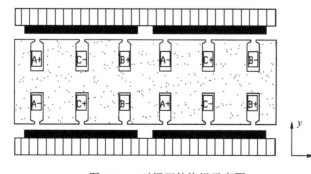

图 5.6　一对极下的绕组示意图

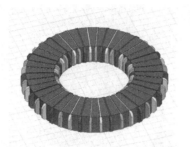

（a）直驱轮式轴向磁场永磁风力发电机定子绕组三维模型　　　　（b）环形绕组示意图

图 5.7　定子绕组

5.2.4　磁极设计

极弧系数的选择对电机的性能影响很大。电机的极弧系数 α_p 是指电机极弧宽度 b_i 与极距 τ 的比值。极弧系数对磁通密度的幅值没有影响，但会影响气隙磁通密度的波形，为了获得较好的气隙磁场波形，应该选取合适的极弧系数。本章直驱轮式轴向磁场永磁风力发电机初步选取极弧系数 α_p 约等于计算极弧系数 α_i，在 0.8 左右。

一般风速比较低，直驱轮式轴向磁场永磁风力发电机的额定转速也比较低，因此风力发电机的极数就比较多。若极数增多，则极间距离减小，极间漏磁就会增大，永磁材料利用率就会降低。若极数减少，则极间距离增大，电枢端部较长，用铜量增加，铜耗增大，会使风力发电机的效率降低。因此直驱轮式轴向磁场永磁风力发电机极数的设计必须合理，本章结合已有风力发电机工程实际设计为 7 对极。

5.3　基于 Ansoft 的电机参数对磁感应强度的影响

5.3.1　极弧系数对磁感应强度的影响

5.2 节选取风力发电机极弧系数 α_p 约等于计算极弧系数 α_i，在 0.8 左右，下面将进行仿真分析，分析不同的极弧系数 α_p 对风力发电机磁感应强度的影响，如图 5.8 所示。

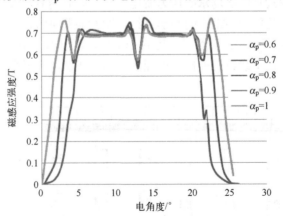

图 5.8　α_p 取不同值时平均半径处磁密波形

从图 5.8 中可以看出，极弧系数 α_p 取值由 0.6 到 1 的过程中，磁场波形幅值基本不变，维持在 0.69～0.71T。α_p 取值 0.6、0.7 时波形基本重合。α_p 取值超过 0.8 以后，波形变得混乱，电机磁极边缘和槽口漏磁增多，所以理论上极弧系数α_p选取在0.8左右是合理的，这与本章的分析结果是一致的。最终本设计中α_p选取0.75。

5.3.2 磁极厚度对磁感应强度的影响

增加永磁体磁化方向的长度，永磁体向外磁路提供更多的磁势，则通过气隙和定子的磁通密度会增加，但磁极厚度太大使风力发电机磁路饱和，风力发电机性能反而变差，风力发电机成本增加。利用有限元仿真分析法得到的磁感应强度随磁极厚度变化的关系如图5.9所示。

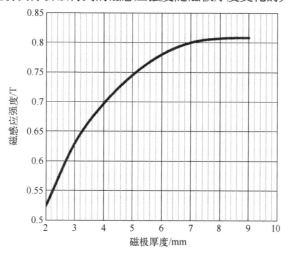

图5.9　利用有限元分析法得到的磁感应强度随磁极厚度变化的关系

从图5.9中可以看出，当磁极厚度达到7mm后，磁感应强度变化很小，基本在一条直线上。当磁极厚度为4.5mm时为该曲线的拐点，此时永磁体的利用率达到最高。因此从经济成本考虑，磁极厚度为4.5mm是比较合理的选择。

5.3.3 转子铁心厚度对磁感应强度的影响

转子铁心作为整个风力发电机磁路的重要组成部分，厚度如果太薄，则会造成转子轭部磁饱和，如果太厚，则既增加了转子重量，又浪费材料，因此要对转子铁心厚度进行选择。如图5.10所示，当转子铁心厚度达到9mm时，磁感应强度基本不再增加，因此从经济成本考虑，转子铁心厚度应选择为9mm。

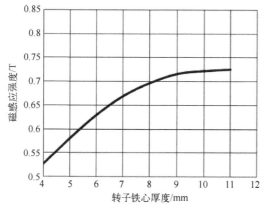

图5.10　转子铁心厚度取不同值时磁感应强度变化曲线

5.3.4 气隙对磁感应强度的影响

磁感应强度随气隙变化曲线如图 5.11 所示，磁感应强度与气隙呈线性递减关系。原则上气隙越小越好，可以增大定子铁心的磁通量，永磁体的利用率增加，但直驱轮式轴向磁场永磁风力发电机定子、转子在装配过程中要承受较大磁拉力的影响，使得定子和转子加工装配难度增加。因此考虑到直驱轮式轴向磁场永磁风力发电机定子和转子加工工艺的精度，装配工艺，根据实际情况，气隙选取为 2mm，对应的磁感应强度大于 0.7T。

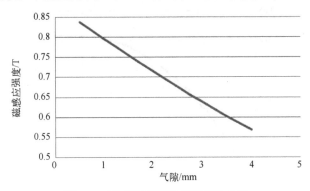

图 5.11　磁感应强度随气隙变化曲线

5.4　5kW 直驱轮式轴向磁场永磁风力发电机电磁设计算例

根据 4.3.2 节得到永磁体的外径 D_{out} 为 34cm，内径 D_{in} 为 20cm，再根据 5.2 节的初步设计数据和 5.3 节的仿真结果，设计了 5kW 直驱轮式轴向磁场永磁风力发电机的电磁方案，其电磁设计算例如表 5.1～表 5.7 所示。

表 5.1　5kW 直驱轮式轴向磁场永磁风力发电机电磁设计算例（额定数据与技术参数）

序号	名称	计算公式	单位	数值
1	额定功率	P_N	kW	5
2	额定电压	U_N	V	380
3	额定转速	$\eta_N = 60f/p$	r/min	240
4	额定频率	f	Hz	28
5	额定效率	η_N	—	0.9
6	额定功率因数	$\cos\varphi_N$	—	0.9
7	极对数	p	—	7
8	相数	m	—	3
9	绝缘等级	—	—	F

表 5.2　5kW 直驱轮式轴向磁场永磁风力发电机电磁设计算例（永磁材料）

序号	名称	计算公式	单位	数值
1	永磁体牌号	—	—	NTP33H
2	工作温度	t	℃	75

108

序号	名称	计算公式	单位	数值
3	永磁体剩磁密度	$B_r = [1-(t-20)\alpha_{B_r}](1-\text{IL})B_{r20}$ 式中，$B_{r20} = 1.21\text{T}$ $\text{IL} = 1\%$ $\alpha_{B_r} = 0.12\%$	T	1.1188
4	永磁体计算矫顽力	$H_c = [1-(t-20)\alpha_{B_r}](1-\text{IL})H_{c20}$ 式中，$H_{c20} = 943\text{kA/m}$	kA/m	871.95438
5	相对磁导率	$\mu_r = \dfrac{B_{r20}}{\mu_0 H_{c20} \times 1000}$ 式中，$\mu_0 = 4\pi \times 10^{-7}\text{H/m}$	—	1.021

表 5.3　5kW 直驱轮式轴向磁场永磁风力发电机电磁设计算例（磁极设计）

序号	名称	计算公式	单位	数值
1	永磁体形状	—	—	扇形
2	永磁体外径	D_{out}	cm	34
3	永磁体内径	D_{in}	cm	20
4	永磁体厚度（单侧）	h_M	cm	0.45
5	每极夹角	θ_p	°	19.286
6	极弧系数	$\alpha_p = \dfrac{p\theta_p}{180}$	—	0.75
7	永磁体每极截面积	$S_{PM} = \dfrac{1}{8p}\pi\alpha_p(D_{out}^2 - D_{in}^2)$	cm²	31.809
8	永磁体体积（双侧）	$V_m = \dfrac{1}{2}\pi\alpha_p(D_{out}^2 - D_{in}^2)L_{PM}$	cm³	400.79
9	永磁体质量（双侧）	$M_m = \rho_m V_m \times 10^{-3}$ 式中，$\rho_m = 7.4\text{g/cm}^3$（烧结钕铁硼）	kg	2.97

表 5.4　5kW 直驱轮式轴向磁场永磁风力发电机电磁设计算例（主要尺寸）

序号	名称	计算公式	单位	数值
1	转子铁心材质	—	—	10#钢
2	转子背铁厚度	L_{cr}	cm	0.9
3	定子铁心材质	—	—	SMC
4	定子槽数	z	—	42
5	定子铁心厚度	L_s	cm	4.8
6	定子槽型	—	—	半闭口矩形
7	气隙长度	g	cm	0.2

表 5.5　5kW 直驱轮式轴向磁场永磁风力发电机电磁设计算例（磁路计算）

序号	名称	计算公式	单位	数值
1	计算极弧系数	$\alpha_i \approx \alpha_p$	—	0.8
2	气隙磁势分布系数	K_F	—	0.95
3	气隙有效面积	$A_g = \dfrac{\alpha_i}{\alpha_p}K_F A_m$	cm²	30.219
4	空载漏磁系数估算	$\sigma_0 = k(\sigma_1 + \sigma_2 - 1)$	—	1.5
5	预选永磁体空载工作点	$b'_{m0} = \dfrac{\sigma_0 K_F \alpha_i / \alpha_p}{\sigma_0 K_F \alpha_i / \alpha_p + \mu_g / h_M}$	—	0.7213
6	空载磁通	$\Phi_g = \dfrac{b'_{m0}B_r S_{PM} \times 10^{-4}}{\sigma_0}$	Wb	0.0017082

序号	名称	计算公式	单位	数值
7	气隙磁位差	$F_g = \dfrac{\Phi_g}{\mu_0 A_g} \times 100$	A	899.66
8	转子磁轭磁通密度	B_{j2}	T	1.2971
9	定子齿部磁密度	B_{t1}	T	1.5575
10	定子轭部磁通密度	B_{j1}	T	1.4413
11	一对极磁位差	$\sum F = F_{t1} + F_{j1} + F_{j2} + 2F_g$	A	2242.32
12	主磁导	$\Lambda_g = \dfrac{\Phi_g}{\sum F} \times 10^6$	μH	0.7618
13	主磁导标幺值	$\lambda_g = \dfrac{2\Lambda_g L_{PM}}{\mu_r \mu_0 S_g} \times 10^2$	—	1.6800
14	外磁路总磁导标幺值	$\lambda_n = \sigma_0 \lambda_g$	—	2.51989
15	空载工作点计算值	$b_{mo} = \dfrac{\lambda_n}{\lambda_n + 1}$	—	0.7159
16	空载工作点校核	$\Delta b_{mo} = \dfrac{\left\| b'_{mo} - b_{mo} \right\|}{b'_{mo}} \times 100 \leqslant 1\%$，合格， 否则应修正 σ_0，重新计算 b_{mo}	—	—

表 5.6　5kW 直驱轮式轴向磁场永磁风力发电机电磁设计算例（电枢绕组计算）

序号	名称	计算公式	单位	数值
1	绕组形式	—	—	集中绕组
2	并联支路数	a_p	—	1
3	绕组连接方式	—	—	星形连接
4	额定相电压	$U_{N\phi} = U_N / \sqrt{3}$	V	220
5	选计算效率	$\eta' = 1.01\eta$	%	90.9
6	计算电动势	$E' = \dfrac{1 + 2\eta'/100}{3} U_{N\phi}$	V	206
7	电枢导体数计算	$N' = \dfrac{60 a_p E'}{p n_N \Phi_g}$	—	4306
8	每槽导体数计算	$N_s = \dfrac{N'}{2z}$	—	51
9	实际导体数	$N = 2z N_s$	—	4284
10	额定相电流	$I_N = \dfrac{P_N \times 10^3}{m U_{N\phi} \cos \varphi_N}$	A	8.4
11	定子电密预估	J'_s	A/mm²	6
12	导线截面积估算	$A'_{Cu} = \dfrac{I_N}{a_p J'_s}$	mm²	1.4
13	导体线径	d	mm	1.40
14	导体截面积	$A_{Cu} = \pi d^2 / 4$	mm²	1.54
15	电枢电阻（75℃）	$R_{a75℃} = \dfrac{\rho_{75℃} l_{av} N}{a_p A_{Cu}}$	Ω	1.62
16	实际电流密度	$J = \dfrac{I_N}{a_p A_{Cu}} = \dfrac{4.62}{1 \times 1.0936}$	A/mm²	5.5
17	平均电负荷	$A_{av} = \dfrac{N I_N}{\pi a_p (D_{out} + D_{in})}$	A/cm	212.23
18	最大电负荷	$A_{max} = \dfrac{N I_N}{2\pi a_p D_{in}}$	A/cm	286.50
19	平均热负荷	$A_{av} J_s$	A²/(mm²·cm)	1167.265
20	最大热负荷	$A_{max} J_s$	A²/(mm²·cm)	1575.75

表 5.7　5kW 直驱轮式轴向磁场永磁风力发电机电磁设计算例（损耗和效率计算）

序号	名称	计算公式	单位	数值
1	机械损耗	$p_{fw}=0.01P_N$	W	50
2	定子铁耗	$p_{Fe}=k_t p_t G$	W	153
3	定子铜耗	$p_{Cu}=mI_N^2 R_1$	W	342
4	杂散损耗	$p_s=5P_N/1000$	W	25
5	总损耗	$\sum p = p_{Fe}+p_{Cu}+p_{fw}+p_s$	W	570
6	效率	$\eta=\left(1-\dfrac{\sum p}{P_N+\sum p}\right)\times 100$	%	89.8

5.5　直驱轮式轴向磁场永磁风力发电机仿真及结果分析

5.5.1　直驱轮式轴向磁场永磁风力发电机三维建模

仿真所用的软件版本是 Ansoft Maxwell 16.1，可以利用其中 RMxprt 电机模块来建立直驱轮式轴向磁场永磁风力发电机模型，图 5.12～图 5.15 分别所示为定子、转子磁极、转子铁心和电枢绕组参数设置。

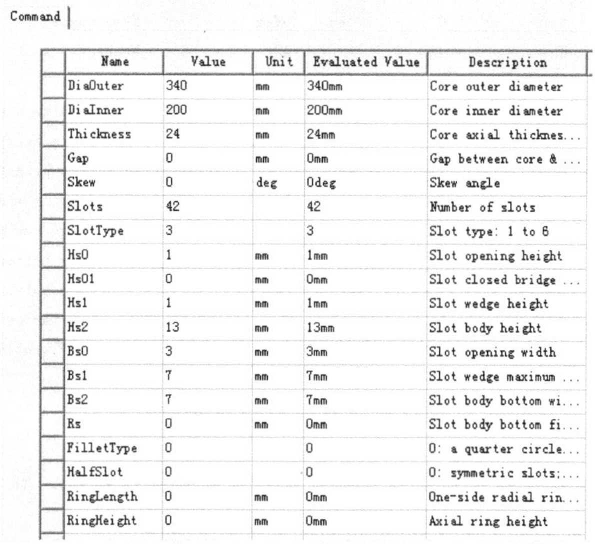

Command

Name	Value	Unit	Evaluated Value	Description
DiaOuter	340	mm	340mm	Core outer diameter
DiaInner	200	mm	200mm	Core inner diameter
Thickness	24	mm	24mm	Core axial thicknes...
Gap	0	mm	0mm	Gap between core & ...
Skew	0	deg	0deg	Skew angle
Slots	42		42	Number of slots
SlotType	3		3	Slot type: 1 to 6
Hs0	1	mm	1mm	Slot opening height
Hs01	0	mm	0mm	Slot closed bridge ...
Hs1	1	mm	1mm	Slot wedge height
Hs2	13	mm	13mm	Slot body height
Bs0	3	mm	3mm	Slot opening width
Bs1	7	mm	7mm	Slot wedge maximum ...
Bs2	7	mm	7mm	Slot body bottom wi...
Rs	0	mm	0mm	Slot body bottom fi...
FilletType	0		0	0: a quarter circle...
HalfSlot	0		0	0: symmetric slots:...
RingLength	0	mm	0mm	One-side radial rin...
RingHeight	0	mm	0mm	Axial ring height

图 5.12　定子参数设置

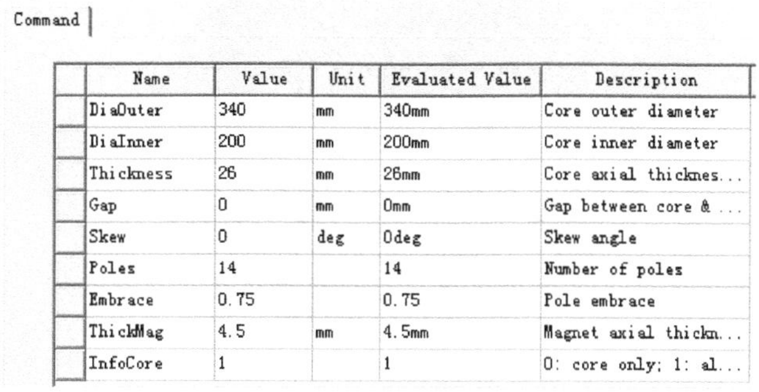

Command

Name	Value	Unit	Evaluated Value	Description
DiaOuter	340	mm	340mm	Core outer diameter
DiaInner	200	mm	200mm	Core inner diameter
Thickness	26	mm	26mm	Core axial thickness...
Gap	0	mm	0mm	Gap between core & ...
Skew	0	deg	0deg	Skew angle
Poles	14		14	Number of poles
Embrace	0.75		0.75	Pole embrace
ThickMag	4.5	mm	4.5mm	Magnet axial thickn...
InfoCore	1		1	0: core only; 1: al...

图 5.13　转子磁极参数设置

111

Command

Name	Value	Unit	Evaluated Value	Description
DiaOuter	340	mm	340mm	Core outer diameter
DiaInner	200	mm	200mm	Core inner diameter
Thickness	9	mm	9mm	Core axial thicknes...
Gap	26	mm	26mm	Gap between core & ...
Skew	0	deg	0deg	Skew angle
Poles	14		14	Number of poles
Embrace	0.75		0.75	Pole embrace
ThickMag	4.5	mm	4.5mm	Magnet axial thickn...
InfoCore	0		0	0: core only; 1: al...

图 5.14　转子铁心参数设置

Command

Name	Value	Unit	Evaluated Value	Description
DiaOuter	340	mm	340mm	Core outer diameter
DiaInner	200	mm	200mm	Core inner diameter
Thickness	24	mm	24mm	Core axial thicknes...
Gap	0	mm	0mm	Gap between core & ...
Skew	0	deg	0deg	Skew angle
Slots	42		42	Number of slots
SlotType	3		3	Slot type: 1 to 7
Hs0	1	mm	1mm	Slot opening height
Hs1	1	mm	1mm	Slot wedge height
Hs2	13	mm	13mm	Slot body height
Bs0	3	mm	3mm	Slot opening width
Bs1	7	mm	7mm	Slot wedge maximum ...
Bs2	7	mm	7mm	Slot body bottom wi...
Rs	0	mm	0mm	Slot body bottom fi...
FilletType	0		0	0: a quarter circle...
Layers	1		1	Number of winding l...

图 5.15　电枢绕组参数设置

参数设定后，选定转子铁心和转子磁极，以 x-y 面为基准镜像，就可以得到图 5.16 所示的单定子双转子直驱轮式轴向磁场永磁风力发电机三维模型。

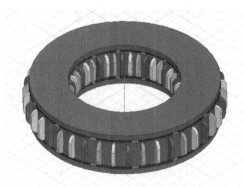

图 5.16　单定子双转子直驱轮式轴向磁场永磁风力发电机三维模型

5.5.2 材料定义及分配

在 Ansoft Maxwell 中，进行材料管理十分方便，系统自带有限元分析计算常用材料库，如果系统材料库中没有合适的，则可以在用户材料库里定义新建材料。

各部件的材料属性设置如下。

① 定子材料为 SomaloyTM500，绘制 B-H 磁化曲线。SomaloyTM500 材料属性定义如图 5.17 所示。

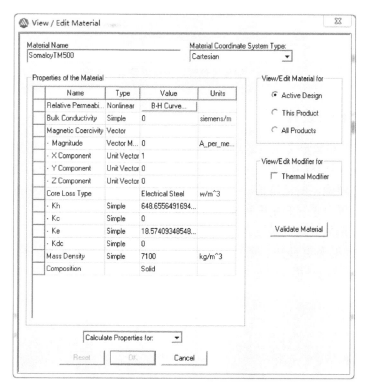

图 5.17　SomaloyTM500 材料属性定义

② 绕组材料为 copper。

③ 转子铁心材料为 steel 1010。

④ 一组上下盘不对应的磁极定义为 N，材料赋为 NdFe33，磁化方向为 Z 正；另一组上下盘不对应的磁极定义为 S，材料赋为 NdFe34，磁化方向为 Z 负。

⑤ 其他默认为 vacuum。

5.5.3 设置激励源和边界条件

设置前先将三维模型在工程文件中复制一份，将新复制得到的模型计算类型更改为静态场，再按其类型分别添加激励源进行分析计算。

单定子双转子直驱轮式轴向磁场永磁风力发电机属于三维开域磁场，所以除了建立物理模型，还需要建立一个 1.5 倍以上大小的空气罩，同时风力发电机瞬态场分析是针对风力发电机旋转时的变化磁场而言的，需要进行设置，在模型中对两个转子建立两个 band 域合并。图 5.18 所示为加载求解域后的风力发电机模型。

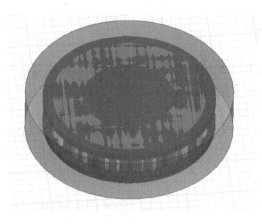

图 5.18　加载求解域后的风力发电机模型

5.5.4　模型网格剖分设置

3D 建模和材料参数定义完成之后，需要对模型进行剖分，剖分时可采用手工剖分和自动网格剖分。有限元计算的精度是由剖分网格的质量决定的，一般来说，随着网格精度的增加，计算结果趋于精确，但耗时长，占用计算机资源大，不利于工作效率的提高，所以以合适的网格单元剖分设置对求解的精度和提高效率是很有必要的。

本章设计的直驱轮式轴向磁场永磁风力发电机采用三维剖分较复杂，使用 Ansoft 的三维自动剖分计算效果会更理想。所以本章采用 Maxwell 3D 的自动剖分，求解域剖分如图 5.19 所示，风力发电机模型剖分如图 5.20 所示。

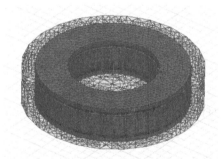

图 5.19　求解域剖分　　　　　　　　　　　图 5.20　风力发电机模型剖分

5.5.5　求解及后处理

Ansoft Maxwell 不同的求解设置可以用来计算不同的工况，瞬态场求解器提供了极大的便利性，摆脱了以前需要用静态场等求解器来逐个求解各时刻的模拟瞬态工况的情形。模型自检正确后，启动求解过程，进程显示框中交替显示系统计算过程的进展信息，用户可根据需要中断求解。计算完毕后，后处理是整个电磁分析至关重要的一步，在气隙磁通密度、定子和转子轭部、定子和转子齿部不同位置处选取测量曲线，进行对比，查看磁场图分布是否合理，查看场量的数量级是否合适。模型建立和求解都正确无误后就可以得到最优的电磁设计参数数据。

5.5.6 直驱轮式轴向磁场永磁风力发电机仿真结果分析

5.5.6.1 风力发电机的磁通密度分布

通过仿真计算、手动设置调整后得出整个风力发电机的磁通密度分布云图和磁矢量效果图，分别如图 5.21 和图 5.22 所示，可以清晰地体现风力发电机磁通密度的大小及分布情况。

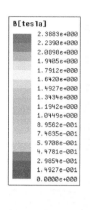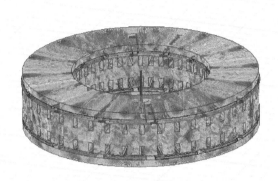

图 5.21　风力发电机的磁通密度分布云图

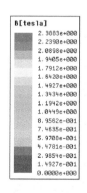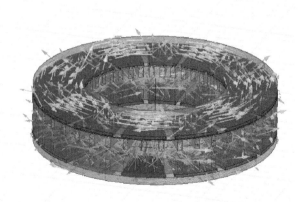

图 5.22　风力发电机的磁矢量效果图

观察整个风力发电机的磁通密度分布情况，从图 5.21 可以直观地看出风力发电机最大磁通密度为 1.5T 左右，没有出现饱和现象。从图 5.22 磁矢量的走向可以看出风力发电机的磁路为 Torus NN 型。

图 5.23 所示为平均半径为 135mm 处一对极下的气隙磁通密度曲线。气隙磁通密度分布近似于梯形波，幅值大约为 0.72T。在磁极的边沿处由于漏磁引起磁通密度波形凸起。从

图 5.23 还可以看到磁场出现部分畸变，有几处明显的磁通密度值下降，这主要是定子开槽造成的。定子开槽会导致气隙磁阻增加，气隙磁场减弱，因此定子开槽的槽口度不应过大，这在设计风力发电机时应该注意，可以采用磁性槽楔来缓解这种情况。

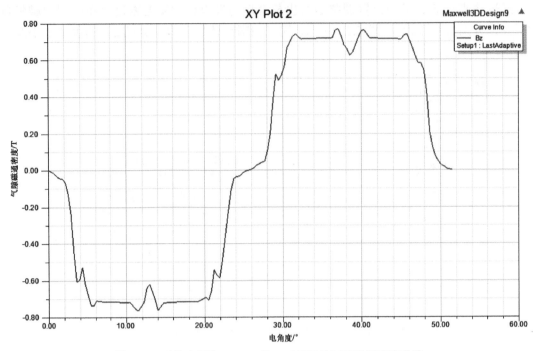

图 5.23　平均半径为 135mm 处一对极下的气隙磁通密度曲线

不同半径处的气隙磁通密度大小也是不一样的，如图 5.24 所示。在平均半径 135mm 处气隙磁通密度幅值最大，受边缘效应的影响，沿内外径方向磁场变弱。特别是接近外径处，因为电枢绕组在外径处间距越来越大，电流所产生的磁场强度快速减小。

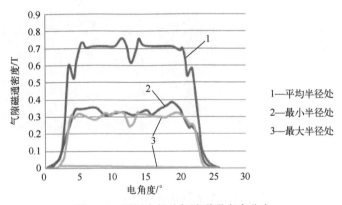

图 5.24　不同半径处气隙磁通密度分布

将直驱轮式轴向磁场永磁风力发电机的定子铁心 SomaloyTM500 材质与采用相同尺寸的 DW360-50 材质的定子铁心进行比较，如图 5.25 所示。两种材质的定子铁心气隙磁通密度相差不大，采用 SomaloyTM500 材质的定子铁心气隙磁通密度略低 2.9%左右。因为在轴向磁场永磁风力发电机设计中，有效气隙较大，磁路的磁阻本身较大，造成 SomaloyTM500 的低磁导率不敏感，采用 DW360-50 材质的定子铁心弥补了 SomaloyTM500 相对磁导率较低的缺陷。

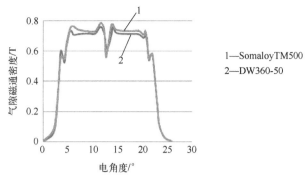

1—SomaloyTM500
2—DW360-50

图 5.25　不同材质铁心的气隙磁通密度比较

5.5.6.2　风力发电机的空载反电动势

空载特性是直驱轮式轴向磁场永磁风力发电机的基本特性之一，当风力发电机的转速达到同步转速时，定子线圈切割空载气隙磁通，在电枢绕组中感应空载反电动势。在 Ansoft Maxwell 软件中，对于空载磁场的分析需要采用瞬态场求解器。将空载电路的电枢绕组接上一个阻值很大的电阻（这里取 20GΩ），从而形成图 5.26 所示的空载电路。经过有限元瞬态分析过程，得到三相空载反电动势波形，如图 5.27 所示，由图可见输出电压平均值为 223.1V，与设计值相比，其误差为 1.41%，符合设计要求。由图 5.28 可以看出，空载反电动势幅值与转速近似线性相关。

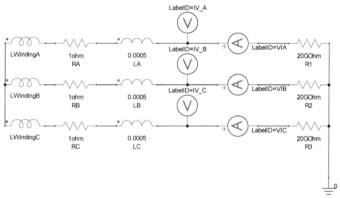

图 5.26　空载电路连接

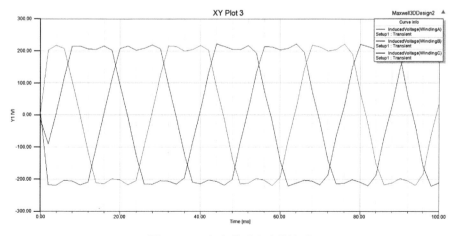

图 5.27　三相空载反电动势波形

117

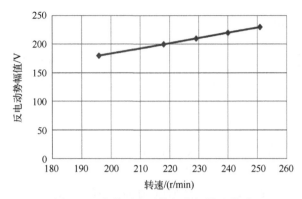

图 5.28　空载反电动势幅值与转速关系

5.5.6.3　风力发电机的齿槽转矩

风力发电机的齿槽转矩是电枢铁心的齿槽与转子永磁体相互作用而产生的转矩。图 5.29 所示为齿槽转矩波形。由于风力发电机定子齿槽的存在，气隙磁导发生了变化，当永磁转子磁极与定子齿槽处在不同相对位置时，引起气隙磁场储能发生变化，从而产生齿槽转矩。在风力发电机运行中，齿槽转矩会引起输出转矩的脉动和噪声，在低速时影响更大。通常可以采用定子斜槽、减小定子槽开口宽度、改变极弧宽度、磁极偏移等方法来减小齿槽转矩。

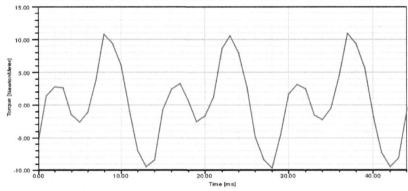

图 5.29　齿槽转矩波形

5.5.6.4　风力发电机损耗分析

在风力发电机设计中，效率的高低取决于风力发电机运行中损耗的大小，设计一台性能良好又经济的直驱轮式轴向磁场永磁风力发电机，对损耗的分析显得尤为重要。因为直驱轮式轴向磁场永磁风力发电机的转速较低，因此风力发电机的损耗主要是绕组铜耗、铁耗、永磁体涡流损耗等。

1. 绕组铜耗分析

当电流通过绕组线圈时，会在其中产生焦耳损耗，即风力发电机的铜耗。绕组铜耗取决于绕组温度和负载大小，铜耗越大，温升越高，对风力发电机的绝缘性能也会带来影响。铜耗 P_{Cu} 计算表达式为

$$P_{Cu} = 3 I_N^2 R_1 \tag{5.1}$$

在定子绕组中通入三相额定交变电流，利用 Maxwell 3D 软件对定子绕组铜耗进行计算分析，得到平均铜耗为 211.12W。

2. 铁耗分析

除了铜耗，铁耗在风力发电机损耗中占比较大，铁耗为磁滞损耗和涡流损耗之和，可

表示为

$$P_{Fe}=P_h + P_e = C_h B^n f + C_e B^2 f^2 \qquad (5.2)$$

式中，P_{Fe} 表示铁耗；P_h 表示磁滞损耗，指铁磁材料在不断变化的磁场中反复被磁化，磁畴之间不停地摩擦而造成的损耗；P_e 表示涡流损耗，指当铁磁材料处于外部交变的磁场当中，材料内产生电动势引起环流，使铁心产生损耗；C_h 为磁滞损耗系数；C_e 为涡流损耗系数；n 为经验系数。由式（5.2）可知铁耗与风力发电机频率、磁通密度强度和材质的损耗系数有关。

本章研究的单定子双转子直驱轮式轴向磁场永磁风力发电机的铁耗主要以定子铁耗为主，在额定交变三相电流和额定转速下，定子铁耗组成曲线如图 5.30 所示。单定子双转子直驱轮式轴向磁场永磁风力发电机在较低转速 240r/min 下运行，频率低，铁耗中磁滞损耗占据主要部分。

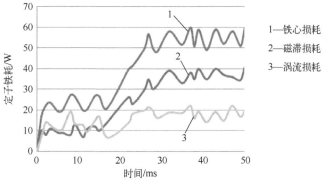

图 5.30 定子铁耗组成曲线

运用 Maxwell 中材料定义模块，分别对采用 DW360-50 材质和采用 SomaloyTM500 材质的定子铁心进行对比分析。

通过对图 5.31 和图 5.32 不同材质的铁耗曲线进行比较，采用 SomaloyTM500 的定子铁心的损耗大约为 56W，采用 DW360-50 的定子铁心的损耗大约为 16W。SomaloyTM500 相对磁导率低，磁滞损耗大，总体铁耗比 DW360-50 的总体铁耗大。低频率风力发电机的铁耗不是总损耗的主要来源，与绕组铜耗相比很小，约为绕组铜耗的 1/4，损耗只占总损耗的一小部分，因此 SomaloyTM500 可以作为直驱轮式轴向磁场永磁风力发电机的定子材质。

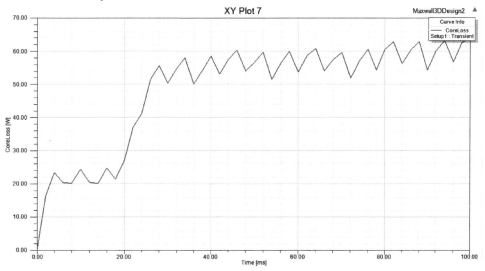

图 5.31 采用 SomaloyTM500 的定子铁耗曲线

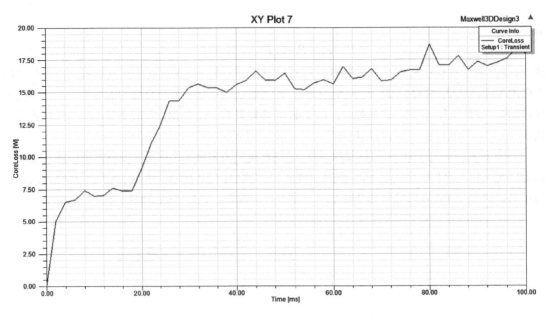

图 5.32　采用 DW360-50 的定子铁耗曲线

3. 永磁体涡流损耗分析

永磁体涡流损耗是由气隙磁通密度谐波分量引起的，利用 Maxwell 3D 有限元软件对额定转速的风力发电机进行永磁体内涡流损耗分析，得到的损耗曲线如图 5.33 所示。

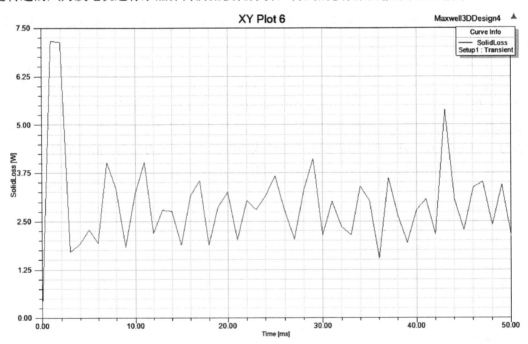

图 5.33　永磁体涡流损耗曲线

永磁体的涡流损耗很小，平均为 3.3W，相比绕组铜耗和定子铁耗，几乎可以忽略不计，可见永磁体的涡流损耗在低速风力发电机中不是主要的。如果永磁体涡流损耗过大，转子温度升高，则会影响永磁体性能发生不可逆退磁现象。本章设计的直驱轮式轴向磁场永磁

120

风力发电机的永磁体贴在两边转子铁心上，与空气接触面积大，运行时散热良好，可以很好地避免退磁问题。

风力发电机设计运行转速较低，通风损耗和摩擦损耗都比较小，所以机械损耗较小。电磁计算风力发电机的效率在 90%左右，效率较高，达到了设计要求。

5.6 结构设计分析

风力发电机通常安装在塔架上面，塔架高度为几十米到几百米不等，而且风力发电机常年受到变化的风力影响，对其结构要求比较严格。结构分析的部位通常是叶片或是塔架，叶片除了需要进行常规的动静力学分析，还需要进行流体动力学分析以检测其对风能的利用效率。对于塔架，除了进行动静力学分析，还需要进行振动分析、模态分析等。

对于风力发电机，不仅要进行电磁设计分析计算，对其机械结构也要进行设计分析。风力发电机重要部件的机械强度分析计算是风力发电机结构设计中的一个重要部分，是保证风力发电机安全运行的一个重要手段，对于风力发电机来说尤其重要。风力发电机因其盘式结构受力容易变形，为了保证风力发电机性能及机械结构稳定与可靠，对结构设计进行分析是很有必要的。本章采用 Solidworks 三维软件进行建模，运用 Ansys Workbench 对直驱轮式轴向磁场永磁风力发电机的主要部件进行有限元分析，对它们在载荷作用下的位移、应变和应力进行分析，完成风力发电机机械结构设计验证。

5.6.1 Ansys Workbench 软件介绍

Ansys Workbench 是由 Ansys 公司开发的集成仿真应用平台，提供了 Ansys 系列求解器交互的方法，涵盖了动力分析、流体分析、结构模态分析、热分析、振动分析等大型有限元仿真计算软件，在工业上有着广泛的应用。Ansys Workbench 平台采用流程图形式将电磁、热、力学仿真模块连接起来，操作简单，给设计带来极大的方便。Ansys Workbench 仿真流程图如图 5.34 所示。

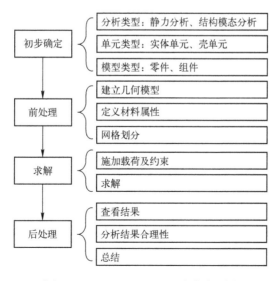

图 5.34 Ansys Workbench 仿真流程图

5.6.2 风力发电机主轴结构设计与有限元分析

5.6.2.1 主轴结构设计

本章设计的直驱轮式轴向磁场永磁风力发电机的主轴是固定的，主轴起着支撑整个风力发电机的作用，是风力发电机的重要组成部分。同时，风力发电机的主轴在高空野外条件下工作，维护与保养都比较困难。

主轴在设计时，一端是固定的，载荷集中在主轴另一端，需要根据轴上承受载荷的大小及分布确定轴的大致结构，采用每侧转子为双轴承支撑的结构，可以使载荷传递平稳均匀，减少振动和轴向窜动。根据轴上安装的部件数目及布置情况，尽量减小应力集中，便于轴的加工制造及轴承的安装，同时要考虑与其他零部件的装配。此外，还要考虑三相线引出问题。选用常见的 40Cr 钢作为轴的材料。主轴部分结构简图如图 5.35 所示。

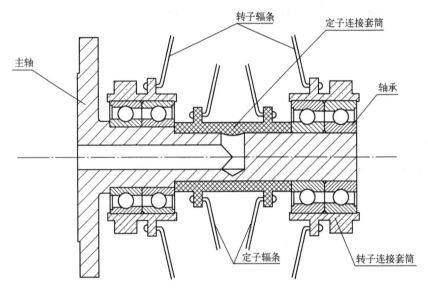

图 5.35　主轴部分结构简图

风力发电机主轴左端面与机舱通过螺栓紧固件固定，左右两侧通过轴承、转子连接套筒、转子辐条与转子连接，中间通过定子连接套筒、定子辐条与定子连接。主轴通过轴承和定子连接套筒承受整个风力发电机的重量，因此将直驱轮式轴向磁场永磁风力发电机主轴简化为一个悬臂梁，如图 5.36 所示。

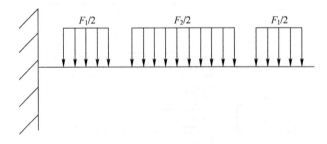

图 5.36　主轴悬臂梁结构模型

因此，可以得到直驱轮式轴向磁场永磁风力发电机主轴上承受的力为

$$F_1 = 2K \cdot M_1 g = 735\text{N}$$
$$F_2 = M_2 g = 343\text{N}$$

式中，K 为工况下动载荷系数；M_1 为转子部件和风叶部件总重量；M_2 为定子部件总重量。在 Solidworks 中创建主轴的三维模型，如图 5.37 所示。

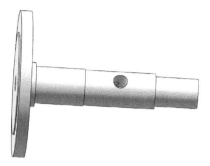

图 5.37　主轴 Solidworks 三维模型

5.6.2.2　主轴有限元分析

将 Solidworks 中建立的模型导入 Ansys Workbench 中，定义材料，添加材料属性，划分网格。网格划分时对规则部分用映射划分，圆角和其他应力集中部分采用局部网络加密，从而改善网格质量，主轴有限元划分网格图如图 5.38 所示。

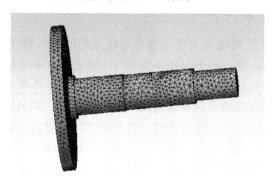

图 5.38　主轴有限元划分网格图

在对主轴进行网格剖分，给予应力载荷后，对风力发电机主轴进行后处理求解，得到的结果如图 5.39～图 5.41 所示。

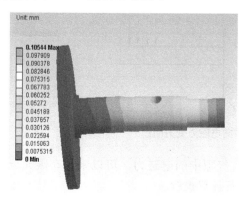

图 5.39　主轴变形位移分析云图

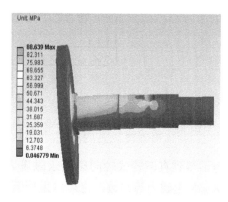

图 5.40　主轴等效应力分析云图

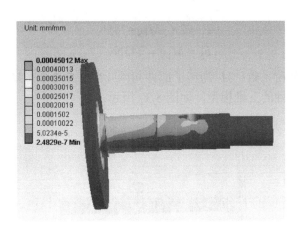

图 5.41　主轴等效应变分析云图

由主轴变形位移分析云图可以看出，主轴的最大变化位置在右端面，最大位移约为0.1mm，主轴的变形量在允许范围以内，对整个风力发电机不会造成不利影响。由主轴等效应力分析云图和主轴等效应变分析云图的颜色可以分析得到，主轴有限元分析应力集中在靠近与机舱固定的根部，因此主轴设计在根部应该圆滑过渡，必要时增加加强筋，防止应力集中，使其刚度、强度符合设计要求。

5.6.3　风力发电机转子盘体有限元分析

本章设计的直驱轮式轴向磁场永磁风力发电机采用的是双转子中间定子的双边结构，实现了轴向磁拉力的平衡，但这种平衡是体现在转子轴上的，单个转子盘体本身会受到单边磁拉力的作用，因此要仔细计算转子盘体的轴向挠度变形量，不要出现大的气隙厚度不均匀现象。合理的轴向磁拉力会使转子偏移量变成气隙的一部分，如果磁拉力过大，则会造成转子变形，影响风力发电机运行和性能。同时，直驱轮式轴向磁场永磁风力发电机气隙磁场在定子和转子结构上产生轴向磁拉力，引起风力发电机结构振动并产生电磁噪声。因此在直驱轮式轴向磁场永磁风力发电机设计中，准确分析转子盘体受力及最大变形非常重要。

本节利用结构有限元分析方法分析转子盘体应力及最大变形，验证转子结构设计的合理性。单侧转子盘体轴向电磁力受力简图如图 5.42 所示。

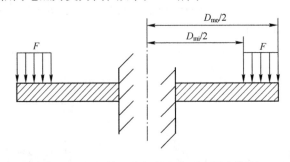

图 5.42　单侧转子盘体轴向电磁力受力简图

为了得到直驱轮式轴向磁场永磁风力发电机气隙中的电磁力，可以采用有限元分析软件自动求解电磁力等参数，也可以采用解析法进行计算求解。

利用 Ansoft Maxwell 软件对转子盘体添加电磁力参数，通过后处理后可以得到转子盘

体在 x、y、z 三个方向的电磁力为

$$F_x = 78.91 \text{N}$$
$$F_y = -22.26 \text{N}$$
$$F_z = -9.12 \times 10^3 \text{N}$$

也可以通过轴向电磁力解析公式计算得到：

$$F_z = \frac{S_{PM} B_g^2}{2\mu_0} = 9.35 \times 10^3 \text{N}$$

式中，S_{PM} 为单侧永磁体轴向有效面积。通过计算结果对比可以看出，通过有限元分析和解析计算的结构相差不大。

利用 Ansys Workbench 有限元分析软件对转子盘体进行静态有限元分析，如图 5.43 和图 5.44 所示。可以看出，在 9250N 轴向电磁力作用下，9mm 厚的转子盘体变形位移为 0.039012mm，最大应力为 32.64MPa，可以满足转子盘体结构强度的要求。

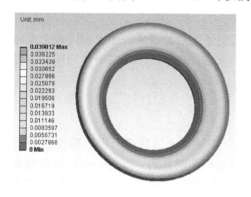 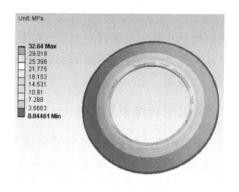

图 5.43　转子盘体变形位移分析云图　　　　图 5.44　转子盘体等效应力分析云图

第6章 轴向磁场混合励磁无刷同步电机

永磁同步电机具有结构简单、运行可靠、低损耗、高功率密度的优点，加上轴向磁场电机独特的结构特点，使得轴向磁场永磁同步电机逐渐成了研究的热点。随着可再生能源的开发和利用，人们开始将其应用于新能源电动汽车和风力发电领域。但永磁同步电机存在磁场难以调节的问题，因而存在永磁同步发电机带负载时输出电压不稳定、永磁同步电动机弱磁调速比较困难的问题，于是专家们提出了混合励磁的方案，扩大了永磁同步电机的应用范围。

6.1 永磁同步电机存在的问题

国内外已经针对永磁同步电机（PMSM）研究出了大量的成果，加上我国稀土永磁资源储量丰富，也为它的推广和应用创造了条件，然而永磁同步电机还存在一些问题，主要体现在以下几个方面。

6.1.1 永磁磁场难以调节

在电机的运行过程中，通常需要调节电机的气隙磁场来达到调节电机转速的目的。对于他励直流电动机，可以通过降低励磁电流达到弱磁扩速的目的。而对于永磁同步电机，因励磁磁场是由永磁体建立的，磁场无法调节，只能通过调节定子电流，即通过增加定子电流的直轴电流去磁分量进行弱磁调节，从而达到弱磁扩速的目的。相比电励磁电机，永磁同步电机的电压调整也比较困难。

6.1.2 永磁材料存在不可逆退磁的风险

永磁同步电机如果设计或使用不当，则工作在环境恶劣的条件下，如在风力发电和新能源电动汽车领域，在发生剧烈的机械振动时，容易导致永磁体不可逆退磁，从而大大降低电机性能，情况严重时甚至造成电机损坏。

6.1.3 永磁同步电机的成本问题

金属永磁材料和铁氧体永磁材料具有价格便宜、原材料充足的特点，但是它们的最大磁能积 (BH)max 通常小于 $100kJ/m^3$，磁性能相对较差，因此逐步被稀土永磁材料替代。稀土永磁材料在发展过程中，又经历了第一代 SmCo5、第二代 Sm2Co17、第三代 Nd2Fe14B 三个发展阶段。第一代和第二代稀土永磁材料均属于钐钴永磁体，具有良好的磁性能、温度性能和抗锈蚀能力。但其主要原材料不仅稀缺且价格昂贵，而且属于国家战略物资，因此无法被广泛应用。目前，钐钴永磁体主要应用于航空航天、国防军事、通信领域。第三代钕铁硼永磁材料由钕、铁、硼三种元素构成，其中钕属于轻稀土元素。钕铁硼具有高剩磁密度、高矫顽力和高磁能积等优点，是迄今为止磁性最强的永磁材料。

在永磁同步电机中常用的稀土材料是一种价格较贵的不可再生资源，从而增加了电机的生产成本。另外，过度地开发和利用稀土资源会对生态系统造成严重的破坏。

6.1.4 控制系统成本高

永磁同步电机在恒功率模式下的控制较为复杂，控制系统中有许多电子元件，使得控制系统成本较高，弱磁能力差，调速范围有限。

为解决上述问题，20 世纪末美国学者提出了混合励磁同步电机（Hybrid Excitation Synchronous Machine，HESM）的技术路线，这种电机采取将永磁体励磁和电励磁两种单一励磁方式相结合的混合励磁方式，在永磁同步电机的基础上额外增加辅助励磁绕组部分，因而磁场由两部分组成，即主磁场和辅助磁场。主磁场由永磁体建立，励磁绕组则产生辅助磁动势，用于调节气隙磁场。混合励磁同步电机相对于永磁同步电机，气隙磁通调节方便，调压调速范围宽，非常适合应用于风力发电系统和新能源电动汽车驱动领域；同时，由于采用励磁绕组代替了部分永磁体，因此也可以减小永磁体体积，节约永磁体用量。此外，混合励磁同步电机比电励磁同步电机的电枢反应电抗小，加上永磁体的励磁作用，混合励磁同步电机的转矩密度和功率密度比电励磁同步电机的转矩密度和功率密度高。

混合励磁同步电机同时具有电励磁同步电机和永磁同步电机的优点，通过调节励磁电流即可满足在变速或负载不稳定的条件下仍然能提供恒压电源的运行要求，因此在风力发电领域和新能源电动汽车领域都具有广阔的应用前景。

6.2 混合励磁同步电机的研究现状

目前，国内外对混合励磁同步电机的研究都已相继展开，在电机结构设计方面已经有了丰富多样的形式。美国著名电机专家 T.A. Lipo 教授已经对混合励磁同步电机技术进行了深入研究，而且已公开发表了多项关于混合励磁同步电机技术及应用的文章和专利。日本学者 T. Mizuno 对混合励磁同步电机的拓扑结构进行了分析与设计，并对其在电动汽车领域的应用进行了分析和推广。此外，美国 TIMKEN 公司已经将其最新研发的盘式车轮转子磁极分割型混合励磁同步电机驱动系统初步应用于电动汽车驱动领域。相比于国外，我国对 HESM 的研究起步较晚，目前还处于初期阶段，但也已经有了初步的研究成果。例如，东南大学对混合励磁轴向磁通切换电机结构及控制系统都进行了深入研究，沈阳工业大学的徐衍亮和唐任远教授对转子磁极分割型（Consequent Pole Permanent Magnet，CPPM）并联磁势混合励磁同步电机的发电运行特性进行了研究。下面将对目前混合励磁同步电机的主要结构进行介绍。

6.2.1 径向磁场混合励磁同步电机

6.2.1.1 径向磁场转子磁极分割式混合励磁同步电机

径向磁场转子磁极分割式混合励磁同步电机首次由英国学者提出，其结构如图 6.1 所示，转子由两部分组成，一部分转子表面安装有径向磁化的永磁体，N 极与 S 极交替对称放置；另一部分为铁心磁极，由实心铁轭连接起来。定子中间安装有直流励磁绕组，绕组将定子铁心分为两部分，外部的背轭为轴向磁通提供低磁阻路径。永磁体磁动势与电励磁磁动势并联，磁通方向在气隙中为径向，而在定子和转子中为轴向。该种结构的电机能够获得较宽的气隙磁通控制范围，缺点是功率密度较低且加工制造困难。

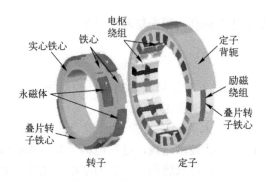

图 6.1　径向磁场转子磁极分割式混合励磁同步电机

6.2.1.2　串励式混合励磁同步电机

图 6.2 所示为国外学者设计的串励式混合励磁同步电机，其电励磁绕组安装在永磁体下面，永磁体磁动势和电励磁磁动势为串联关系。这种混合励磁同步电机虽然增强了电机的弱磁能力，拓宽了恒功率运行的速度范围，但是由于电励磁磁动势与永磁体磁动势相互串联，电励磁磁动势作用于永磁体，易发生不可逆退磁现象。由于较高的磁路磁阻，增加了铜耗，电励磁利用率较低。

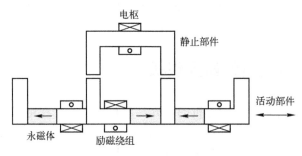

图 6.2　串励式混合励磁同步电机

6.2.1.3　组合转子并励式混合励磁同步电机

英国学者 Chaimers 最初提出了组合转子并励式混合励磁同步电机结构，转子分为两部分，分别为表贴式永磁转子和磁阻转子，中间用气隙隔开，两个转子彼此独立，两部分磁动势为并联关系。由于气隙起到隔磁环的作用，永磁转子中只有永磁磁通流动，而磁阻转子中只有弱磁磁通流动。当电机低速运行时，磁阻不产生转矩，此时转矩密度较低，而当电机高速运行时，磁阻转子的磁通相应增大，永磁体转子磁通不发生变化。由于永磁体直接暴露于电枢下面，因此容易发生不可逆退磁现象。图 6.3 所示为在此结构基础上进行改进设计后的组合转子并励式混合励磁电机结构图，把磁阻部分换成了电励磁，从而解决了上述问题。

6.2.1.4　混合励磁爪极电机

混合励磁爪极电机结构主要由定子和转子两部分组成，其结构图如图 6.4 所示。其中，定子的结构与传统交流电机的定子结构相同，由定子铁心和三相交流绕组构成，定子分为内定子和外定子，外定子与普通定子类似，励磁绕组安装在内定子上。转子由两个爪型法兰盘组成，永磁体安放在相邻两个爪极之间。山东大学学者研究的新型混合励磁爪极电机将爪极形状改进为直角梯形，在爪极直角边间放置 N、S 极交错的永磁体，可以有效地减弱极间漏磁；转子电励磁绕组经过励磁支架直接焊接在外壳上，省去了电刷和滑环，增加了电机运行的可靠性。

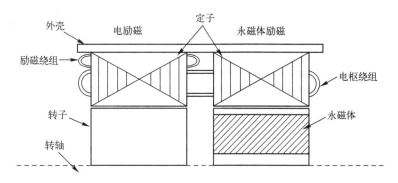

图 6.3　组合转子并励式混合励磁电机结构图

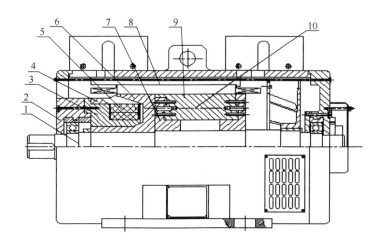

1—转轴；2—端盖；3—导磁托架；4—前爪；5—励磁线圈；6—后爪；7—隔磁块；8—电枢绕组；9—永磁体；10—转子铁心

图 6.4　混合励磁爪极电机结构图

混合励磁爪极电机结构的电励磁磁场和永磁体磁场为并联关系，气隙磁场由两部分磁场共同作用产生。当电励磁绕组接通直流励磁电源时，产生一个轴向磁场，当磁势到达爪极处时，切向永磁体的排斥作用使磁场改变为径向进入主气隙，因此，通过调节励磁电流的大小和方向就可以灵活地调节气隙磁场。混合励磁爪极电机适合于转速低、容量小的场合，但仍存在轴向磁路和漏磁大的缺点。

6.2.1.5　分区定子混合励磁径向磁场永磁同步电机

分区定子混合励磁径向磁场永磁同步电机是由美国学者在 20 世纪 50 年代提出的，其起动转矩较大，转速范围宽。永磁体可以安放在转子上，也可以安放在定子上。永磁体安放在转子上的转子永磁型励磁电机，磁极极弧系数比较大，功率因数易于控制，但电机的结构较为复杂；永磁体安放在定子上的分区定子混合励磁径向磁场永磁同步电机，其结构如图 6.5 所示。该电机采用内外双定子、中间转子铁心同轴安装的结构。电枢绕组和励磁绕组均为集中绕组，缠绕在内外定子齿上，从而可以达到减少线圈铜耗、提高电机效率的目的。这种特殊结构的电机，不但具有传统单定子电机的优势，还能明显地提高电机的空间利用率，进而提高电机的输出功率。

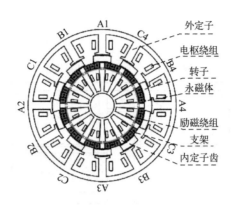

图 6.5　分区定子混合励磁径向磁场永磁同步电机

6.2.2　轴向磁场混合励磁同步电机

随着对轴向磁场电机研究的深入，国内外开始对轴向磁场混合励磁同步电机进行了研究。

6.2.2.1　轴向磁场转子分割式混合励磁同步电机

美国 TIMKEN 公司最新研发的轴向磁场转子分割式混合励磁同步电机如图 6.6 所示。由外边两个盘式转子和中间两个圆形定子铁心组成。两个外转子表面安装有交替分布的永磁块和铁心块，定子分为内、外定子，内定子上嵌入直流励磁绕组来产生恒定磁场。这种电励磁磁路和永磁磁路为串联关系，永磁体有退磁风险。轴向磁场转子分割式混合励磁同步电机驱动系统初步应用于电动汽车驱动领域。

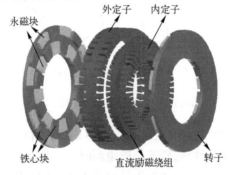

图 6.6　轴向磁场转子分割式混合励磁同步电机

6.2.2.2　轴向磁场切换型混合励磁同步电机

江西理工大学设计了一种轴向磁场切换型混合励磁同步电机（AFSHEM），并试制了样机。图 6.7 所示为轴向磁场切换型混合励磁同步电机。该电机采用两边转子中间定子的单定子双转子盘式结构，转子盘只由转子齿和转子磁轭构成，无任何永磁体和绕组，实现了电机的无刷化。两个转子结构完全相同。定子盘由 12 个 H 型定子铁心沿周向拼接而成，在定子中间放置一个环形隔磁块将定子分隔为互不导磁的上下两层。在定子下层放置切向交替充磁的永磁体，上层为励磁支架，励磁绕组沿轴向缠绕在励磁支架上。定子绕组采用集中绕组，沿周向缠绕在由励磁支架和永磁体分离的紧邻铁心的单元槽内。

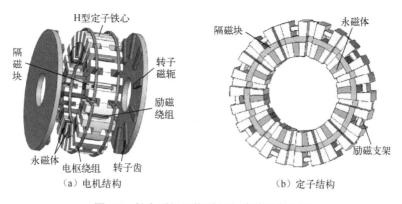

（a）电机结构　　　　　　　　　　　（b）定子结构

图 6.7　轴向磁场切换型混合励磁同步电机

6.2.2.3　轴向磁场混合励磁同步电机

图 6.8 所示为 12/10 极轴向磁场混合励磁同步电机的拓扑结构。该电机由两个定子和一个转子组成，即双定子单转子电机，两个定子结构完全相同，并对称分布在转子两侧。该电机有 12 个定子槽和 10 个转子齿。电机采用双凸极结构、转子夹放在两个定子之间，转子既无绕组也无永磁体。每个定子上包含有 6 个 E 型铁心、6 个永磁体、6 个电枢绕组和 6 个直流励磁绕组，电枢绕组和励磁绕组均采用集中绕组结构，绕组端部长度短，永磁体嵌放在两个 E 型铁心之间，直流励磁绕组放置在两个永磁体中间，即 E 型铁心中部。两个定子正对的永磁体极性相反，即采用 NS 磁路结构。这种电机具有两种励磁源，即永磁磁场和电励磁磁场，两者在电机气隙中相互作用，沿着轴向共同形成气隙主磁场。在轴向磁场混合励磁同步电机中，通过凸极效应，引起磁钢与绕组互感随转子位置变化，从而导致电枢绕组交链的磁通发生变化，因此产生感应电动势，进行机电能量转换。该电机也像永磁开关磁阻电机一样，是利用磁阻转矩来工作的。

6.2.2.4　带有磁桥的无刷轴向磁场混合励磁电机

一种带有磁桥的无刷轴向磁场混合励磁电机，其结构如图 6.9 所示。该电机也采用双转子结构，定子由硅钢片制成，绕组采用环形绕组形式，转子由 N、S 极铁心、永磁体和叠层磁极组成。励磁绕组放置于固定在机盖上的磁桥中，其产生的磁通首先经过磁桥和辅助气隙传递到转子的 N、S 极铁心，再由转子的 N、S 极铁心传递到定子，因此可以在不使用电刷的情况下也能很容易地为励磁绕组提供励磁电流。但相比之下，这种电机的转子结构非常复杂。

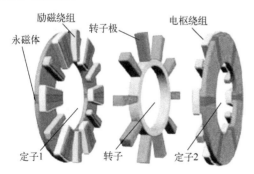

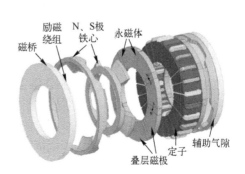

图 6.8　12/10 极轴向磁场混合励磁同步电机的拓扑结构　　　图 6.9　无刷轴向磁场混合励磁电机

6.3　一种新型轴向磁场混合励磁无刷同步电机

下面将对本章所提出的新型轴向磁场混合励磁无刷同步电机结构和工作原理进行讨论。

6.3.1　新型轴向磁场混合励磁无刷同步电机结构

新型轴向磁场混合励磁无刷同步电机与传统径向磁场无刷同步电机的总体构成相似，也是由主发电机、旋转整流装置和交流励磁机组成的，它们的区别在于新型无刷同步电机的主发电机和励磁机均采用轴向磁场电机。主发电机是在传统双边结构轴向磁场电机的基础上改进的，由一个定子盘和两个转子盘组成，定子盘位于中间，两个转子盘在其两侧对称分布，直径相等。其中一个转子盘上安放永磁体，被称为永磁转子盘。永磁体采用表贴式或嵌入式结构，沿转子盘周向均匀地排列；另一个转子盘上安放励磁绕组，被称为励磁转子盘。励磁线圈串联连接，线圈中通以直流电来励磁。轴向磁场混合励磁无刷同步电机中间定子铁心采用硅钢片叠压而成，定子绕组采用环形绕组，电枢绕组周向分布安装于定子槽内，定子槽口采用软磁复合（SMC）材料制成磁性槽楔。新型轴向磁场混合励磁无刷同步电机的主发电机结构图如图 6.10 所示，由左边的永磁转子盘、中间的定子盘和右边的励磁转子盘组成。图 6.11 所示为主发电机转子励磁绕组单极结构图，该磁极由转子铁心和励磁绕组组成。

图 6.10　新型轴向磁场混合励磁无刷同步
电机的主发电机结构图

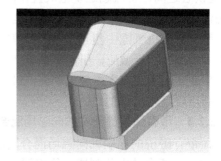

图 6.11　主发电机转子励磁绕组单极结构图

按传统同步电机的励磁方式，需要通过安装在轴上的滑环与固定在机座上的电刷滑动连接，将外部的直流电送入励磁绕组，存在碳刷粉末玷污线圈绝缘，以及集电环和电刷需要定期维护的问题。本章提出的轴向磁场混合励磁无刷同步电机采用无刷励磁方式，即直流励磁电流由与发电机同轴安装的轴向磁场交流励磁机发出的交流电通过旋转整流装置转换成直流电来得到。轴向磁场交流励磁机的定子线圈安装在电机的端盖内表面上，导体有效边与径向平行。转子绕组采用扇形绕组形式，与旋转整流装置、主发电机的励磁绕组安装在同一个圆盘上，交流励磁机的转子绕组与整流装置安装在圆盘的同一个面上，交流励磁机转子绕组位于圆盘的内端，整流装置位于圆盘的外端。主发电机的转子绕组安装在圆盘的另一个面上。交流励磁机转子绕组感应的电压经安装在同一个面上的整流装置整流后送到背面的主发电机的转子绕组，因此新型轴向磁场混合励磁无刷同步电机不需要像传统无刷同步电机那样，通过在转轴中心打孔才能将旋转整流装置整流出来的直流电送到主发电机的转子绕组上。轴向磁场混合励磁无刷同步电机的结构如图 6.12 所示。交流励磁机定子绕组的电流来自于发电机发出的电压，发电机产生的交流电压经过整流供给交流励磁机的定子绕组，这种励磁方式被称为自励。

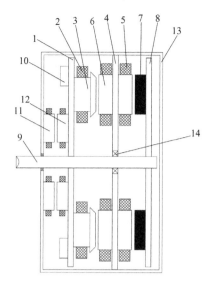

1—励磁转子轭部；2—励磁绕组；3—转子齿部；4—定子轭部；5—定子绕组；6—定子齿部；7—永磁体；8—永磁转子轭部；
9—转轴；10—整流装置；11—交流励磁机定子；12—交流励磁机转子；13—机壳；14—轴承

图 6.12　轴向磁场混合励磁无刷同步电机的结构

6.3.2　新型轴向磁场混合励磁无刷同步电机工作原理

由前面的分析可知，轴向磁场混合励磁无刷同步电机包括主发电机、交流励磁机和旋转整流装置等主要部分。其中，主发电机为单定子双转子轴向磁场混合励磁同步电机，交流励磁机为单定子单转子结构的轴向磁场电机。主发电机转子、交流励磁机转子和旋转整流装置都安装在同一个轴上，交流励磁机发出的交流电可以通过旋转整流装置变成直流电后给主发电机的励磁绕组励磁，由此取代了集电环和电刷的励磁效果，实现了电机的无刷励磁。

轴向磁场混合励磁无刷同步电机的工作原理：当原动机带动电机的转轴旋转时，转子永磁磁极切割主发电机定子绕组，在定子绕组中产生感应电动势，定子端部输出电压。将电压整流后提供给交流励磁机定子绕组励磁。交流励磁机转子绕组切割励磁机定子电流产生的磁场、感应电动势，经旋转整流装置整流后提供给主发电机的转子绕组。主发电机的气隙磁场由永磁磁场和电励磁磁场共同建立，主发电机定子绕组的感应电动势由两个磁场共同感应产生。

轴向磁场混合励磁无刷同步电机采用并列式磁路结构，气隙磁场由两部分产生，即永磁体和励磁绕组。永磁体产生的磁通是固定的，不会随电机运行状态变化而改变，当电励磁磁势产生的气隙磁通和永磁体磁势产生的磁通同向时，定子电枢绕组上的感应电动势为两部分磁通产生的感应电动势之和；若反向，则为两部分之差。并列式混合励磁无刷同步电机既具有永磁同步电机高功率密度、高效率的特点，又兼具电励磁电机可以双向调节磁场的特点，使得电机的整体性能从原理上得到优化。

此外，本章设计的轴向磁场混合励磁无刷同步电机与一般混合励磁无刷同步电机不同之处在于采用了磁通隔离的方式，如图 6.13 所示，两个转子形成的磁路相互独立，互相不受影响，可以通过调节励磁转子绕组的励磁电流来调节励磁磁通，这样一来既能调节定子绕组内感应的合成电动势，又能不影响永磁体部分，从而大大降低了永磁体不可逆退磁的风险，这种结构的电机可靠性得到明显提高。

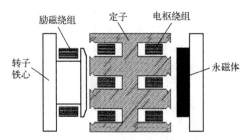

图 6.13　轴向磁场混合励磁无刷同步电机剖视图

　　轴向磁场混合励磁无刷同步电机可以采用另一种方式，即有一个永磁转子和一个混合励磁转子。在混合励磁转子中既有永磁体，又有电励磁绕组。混合励磁转子中的磁通主要由永磁体产生，励磁绕组部分产生辅助磁通只起着调节磁场的作用，因此交流励磁机和旋转整流器元件的容量都很小。采用并联式混合励磁结构，调磁灵活性高，功率、转矩密度高，容错能力强。

　　新型轴向磁场混合励磁无刷同步电机的优点可总结如下。

　　（1）采用混合励磁结构，使得电机既具备了永磁同步电机高功率密度的优点，又具备交流励磁机良好的磁通调节能力。

　　（2）在传统无刷同步电机中，为了将整流器整流后的直流电输送给主发电机转子绕组，需要在转轴中心打孔，工艺复杂，对转轴的机械强度也会造成影响。使用轴向磁场电机代替径向磁场电机作为主发电机和交流励磁机之后，励磁机转子绕组、旋转整流装置和主发电机转子绕组安装在同一个圆盘上，避免了在转轴中心打孔的工艺。

　　（3）交流励磁机定子绕组安装在机座上，转子绕组、旋转整流装置和主发电机转子绕组安装在同一个圆盘上，电机的体积大大减小，功率密度大大提高。

　　（4）可以根据需要，通过励磁控制器调节励磁电流的大小来调节合成磁场的强弱，进一步调节定子电枢绕组感应电动势的大小来控制发电机输出电压。

　　为了方便讨论，本章在后文中都忽略饱和状态，并假设励磁电流为额定值时励磁绕组产生的磁通与永磁体产生的空载磁通相同。当向励磁绕组注入大小和方向不同的励磁电流时，产生的磁通路径主要有以下几种情况。

　　当主发电机励磁绕组不通电流时，转子励磁绕组不产生磁通，只有永磁体侧的气隙存在磁通，磁通路径如图 6.14 所示，因此通过定子轭部的磁通理论上只有额定值的一半，主发电机输出端电压只有额定电压的一半，因为只有面向永磁体侧的定子绕组产生感应电动势。

　　若向励磁绕组中注入正向励磁电流时，绕组产生的磁极与永磁体磁极的极性相同，调节电流大小，输出端电压会发生变化。当励磁电流增大到额定励磁电流时，两个气隙中的每极磁通量相等，从而两个转子磁场在定子绕组中产生的感应电动势相等，它们的和增大到额定值，此时定子轭部的磁通密度最大。在这种情况下，电机磁路相当于双转子轴向磁场永磁同步电机的 NN 磁路结构，如图 6.15 所示。

图 6.14　励磁电流为 0 时的磁通路径

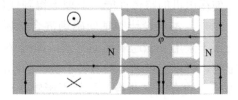

图 6.15　通入正向励磁电流

若向励磁绕组中注入反向励磁电流，定子线圈中的感应电动势方向相反，电动势之和会随着励磁电流的增大而减小。当注入的反向电流为额定值时，在定子轭部中励磁绕组产生的磁通与永磁体转子产生的磁通方向相反，大小相等，因此通过定子轭部的磁通理论上为 0。在这种情况下电机的磁路相当于双转子轴向磁场永磁同步电机的 NS 磁路结构，如图 6.16 所示。

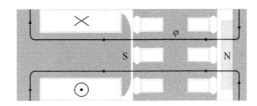

图 6.16　通入反向励磁电流

本章设计的轴向磁场混合励磁无刷同步电机的磁路为并联关系，因此不会发生不可逆退磁现象。永磁体产生的磁通量基本上是固定不变的，改变励磁绕组的电流就可以改变励磁转子侧气隙磁通密度的大小，则励磁转子对应的定子绕组产生的感应电动势就会减小，因此可以改变输出端电压的大小。

6.4　轴向磁场混合励磁无刷同步电机的磁场仿真分析

6.4.1　建模

根据轴向磁场混合励磁无刷同步电机的初始设计参数，按照实际设计尺寸 1∶1 的比例建立电机的三维有限元分析模型，并对其进行仿真计算。轴向磁场混合励磁无刷同步电机的三维仿真模型图如图 6.17 所示。

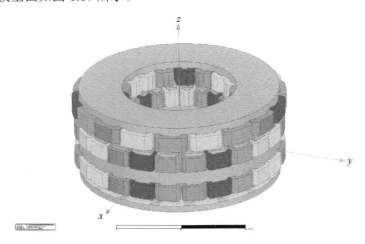

图 6.17　轴向磁场混合励磁无刷同步电机的三维仿真模型图

图 6.18 所示为轴向磁场混合励磁无刷同步电机剖分模型，采用表面剖分和内部剖分相结合的方法，对静止部分和求解域进行较疏剖分，对转子部分和气隙区间进行加密剖分。这样既能保证仿真结果的准确性，又能使计算机内存得到合理运行。

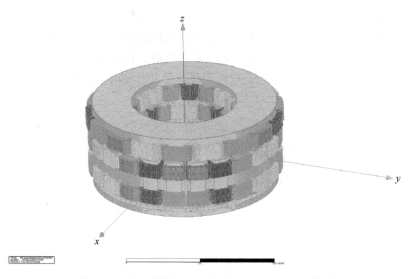

图 6.18　轴向磁场混合励磁无刷同步电机剖分模型

6.4.2　永磁体建立的磁场

对电机的空载磁场进行研究，是检验电机磁路设计是否合理的一项重要工作。双边结构的轴向磁场混合励磁无刷同步电机的空载磁场由永磁体磁场和电励磁磁场组成。接下来，将分析永磁体建立的磁场和电励磁磁极建立的磁场。

在空载工况下，设定电机的转速为额定转速 4000r/min，将电机的电流激励源设置为 0 或在外电路接一个无穷大的电阻。假设励磁绕组电流为 0A，经过仿真得到图 6.19 所示的由永磁体产生的磁场磁通密度分布云图，图 6.20 所示为永磁体产生的磁通密度矢量分布图。在励磁绕组输入电流为 0 的情况下，由图 6.20 可以看出电机磁路中只存在永磁体建立的磁场。

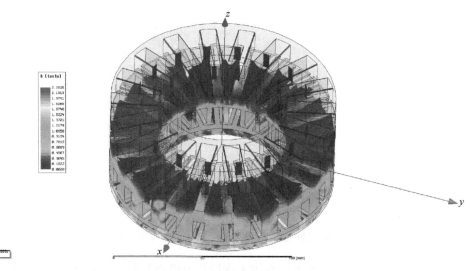

图 6.19　永磁体产生的磁场磁通密度分布云图

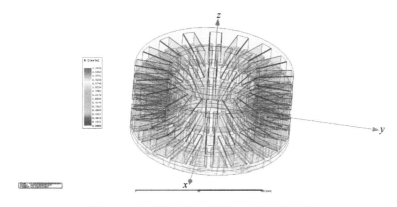

图 6.20　永磁体产生的磁通密度矢量分布图

经过 Maxwell 3D 有限元分析计算后，可以得到永磁体磁场产生的反电动势波形，如图 6.21 所示，可以看出反电动势波形正弦性较好，空载反电动势的幅值约为 63.5V。图 6.22 所示为电机的磁链波形图，可以看出磁链的变化曲线为正弦波，磁链的峰值约为 0.018Wb。

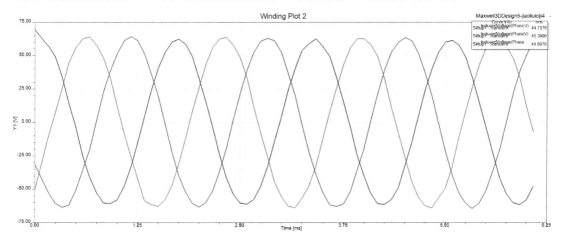

图 6.21　空载反电动势波形图

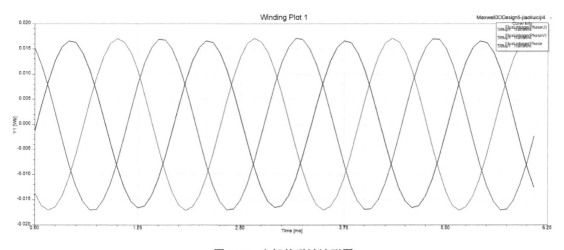

图 6.22　电机的磁链波形图

6.4.3 混合励磁磁场

电机在运行过程中，两个气隙中分别存在着一个由永磁体建立的磁场和转子励磁电流建立的磁场，这两个磁场组成复合磁场。磁场在不同介质中的分布情况、变化趋势，以及与各绕组的交链情况，决定了电机的性能与运行特性。

采用不同的转子激励电流，对电机进行仿真和分析，以便更好地了解该电机的空载磁场。转子励磁电流分别设置为 8A、10A、12A、14A、16A、18A，对电机在这 6 种不同励磁电流下的部分磁通密度云图分布进行观察，得到图 6.23～图 6.28 所示的磁通密度云图。从图中可以看到，不同大小的励磁电流产生的气隙磁通密度幅值也是不一样的。通过对这 6 种不同励磁电流下的磁通密度波形进行比较发现，永磁体产生的磁通密度波形基本不变，与没有励磁电流的情况下的波形基本一致，这表明电励磁产生的磁场对永磁体侧气隙中由永磁体产生的磁场几乎没有什么影响，从磁通密度波形分布来看，激励绕组与永久磁铁之间是一种并联的混合励磁结构。

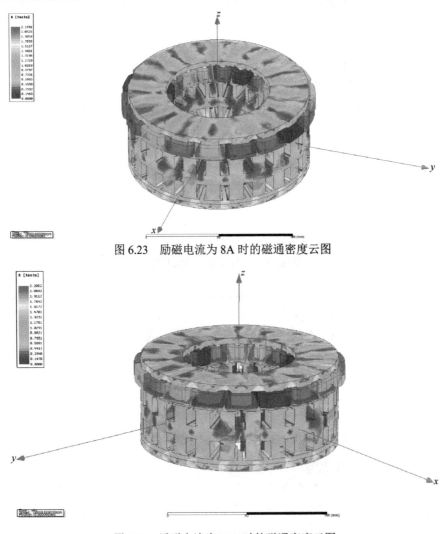

图 6.23　励磁电流为 8A 时的磁通密度云图

图 6.24　励磁电流为 10A 时的磁通密度云图

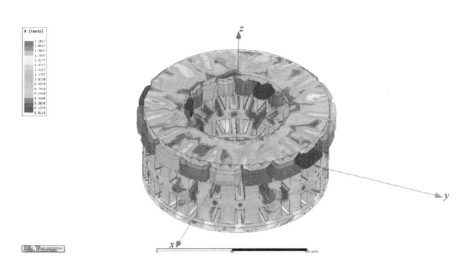

图 6.25　励磁电流为 12A 时的磁通密度云图

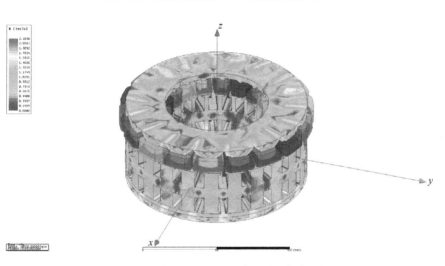

图 6.26　励磁电流为 14A 时的磁通密度云图

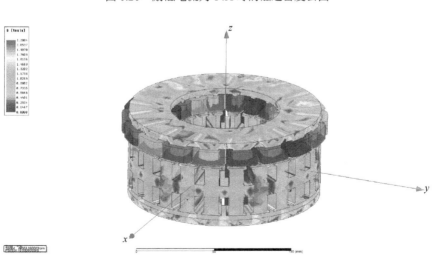

图 6.27　励磁电流为 16A 时的磁通密度云图

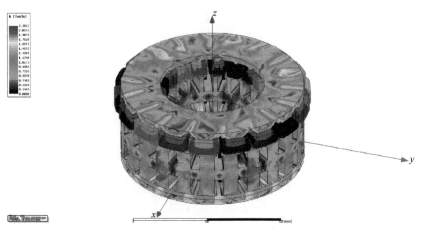

图 6.28 励磁电流为 18A 时的磁通密度云图

此时，对电机在 4000r/min 转速下的输出电压随转子励磁电流的变化趋势进行观察，结果如图 6.29 所示。从图 6.29 中可以看出，输出电压首先随着转子励磁电流的增加而逐渐增加，并最终趋于平缓，说明电机的气隙磁场已经达到饱和状态，从图中可以看出励磁电流大约为 16A 时接近饱和。图 6.30 所示为励磁电流为 16A 时电机的磁通密度矢量分布图，可以看出磁力线的走向。

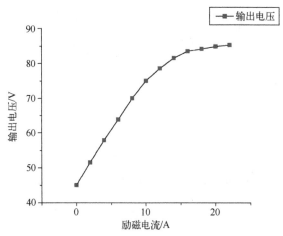

图 6.29 输出电压随转子励磁电流变化趋势

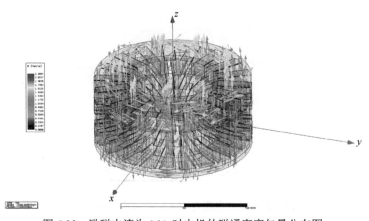

图 6.30 励磁电流为 16A 时电机的磁通密度矢量分布图

140

6.4.4 负载特性分析

为了观察轴向磁场混合励磁无刷同步电机在额定负载下的各种输出特性，可通过模拟负载情况来实现。外电路接三相对称的纯电阻负载如图 6.31 所示。电机的转速依然设定为额定转速 4000r/min。

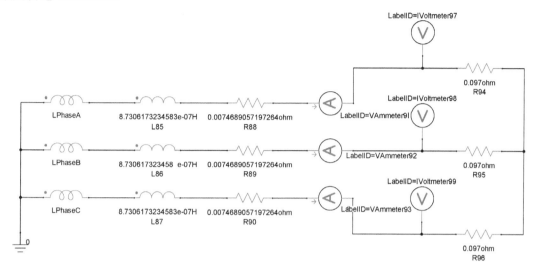

图 6.31　外电路接三相对称的纯电阻负载

将励磁绕组电流激励源设置为 16A，通过仿真分析得到图 6.32 所示的永磁体和电励磁绕组共同产生的磁场的磁通密度分布云图。

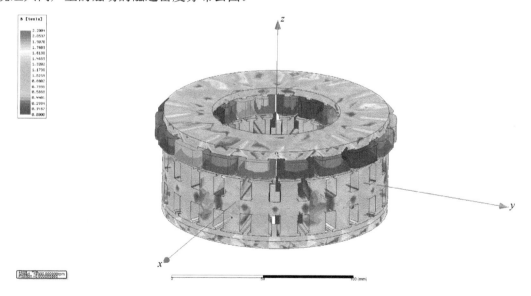

图 6.32　永磁体和电励磁绕组共同产生的磁场的磁通密度分布云图

电机在负载运行时的反电动势波形如图 6.33 所示，电流波形如图 6.34 所示。

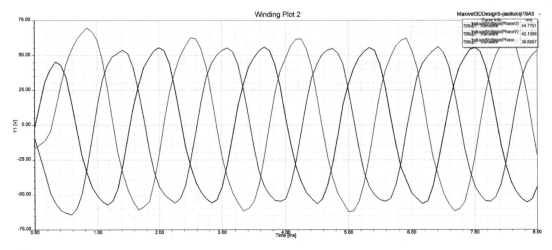

图 6.33　电机在负载运行时的反电动势波形

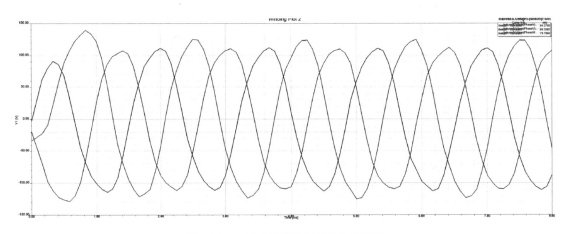

图 6.34　电机在负载运行时的电流波形

第7章 基于轴向磁场交流励磁机的无刷同步发电机

无刷同步发电机因取消了碳刷和集电环结构，所以不存在碳刷磨损、碳刷粉尘玷污线圈绝缘和其他零部件的问题，因而维护简单，运行可靠。无刷励磁已被公认为最有发展前途的励磁方式。无刷同步发电机实际上是由两台发电机构成的，一台作为主发电机，另一台作为主发电机的励磁机。无刷同步发电机的两台发电机均为径向磁场电机。励磁机转子绕组（电枢）感应出来的电压通过由二极管（或晶闸管）构成的旋转整流器整流成直流电供给主发电机的励磁绕组，主发电机转子、旋转整流器和交流励磁机同轴安装。

本章提出一种新型的无刷同步发电机，即利用轴向磁场交流励磁机代替传统的径向磁场交流励磁机，励磁机的定子绕组安装在电机的端盖上，转子绕组安装在旋转整流盘的一侧，使电机的结构简化，电机体积大大减小。

7.1 基于轴向磁场交流励磁机的无刷同步发电机概述

7.1.1 无刷同步发电机的发展过程

无刷同步发电机运行时，需要给转子绕组提供直流励磁电流，不管是采用直流发电机励磁，还是利用静止整流器整流出来的直流电来励磁，都需要通过滑环和电刷将直流电引进无刷同步发电机的转子绕组，因此存在碳刷磨损、碳刷粉末玷污线圈绝缘和其他零部件的问题，导致发电机的绝缘下降，需要经常进行清理和维护。此外，电刷装置产生的电火花易影响无线电通信，导致自动化机舱发生误报警、误动作。随着电机容量的不断增大，直流电机的换向已成了一大难题，因此无刷励磁系统应运而生。随着半导体技术的发展，推动了无刷同步发电机的发展。

无刷励磁系统是在 1950 年由美国人克莱伦斯·算恩发明的。1964 年，日本富士公司研制小型柴油无刷同步发电机获得成功。20 世纪 60 年代—70 年代，无刷励磁方式发展很快，在小型无刷同步发电机上已占据了绝对的优势地位。世界上各工业发达国家，均纷纷发展了自己的无刷同步发电机系列。以柴油机为原动力的无刷同步发电机已被广泛应用在通信行业、机场、高级酒店、办公楼、银行、证券、数据中心、医院、石油行业、火电厂、核电厂、工矿企业等。图 7.1 所示为柴油机驱动的径向磁场无刷同步发电机的结构图。

美国是全球无刷同步发电机的发展领先者之一，其相关技术和产品已被广泛应用于风电、海洋能等领域。例如，GE 公司生产的 2.5-120 型风力发电机采用无刷同步发电机，拥有更高的输出功率和更低的维护成本；美国国家可再生能源实验室开发出的 Makani 风力发电机也采用无刷同步发电机；欧洲无刷同步发电机的开发和应用也非常广泛。例如，德国欧能集团研发的直驱式无刷同步发电机，在风力发电领域有着广泛应用；英国 Renewable

Energy Systems 公司对无刷同步发电机进行优化设计，成功制造出了海上风电发电机。

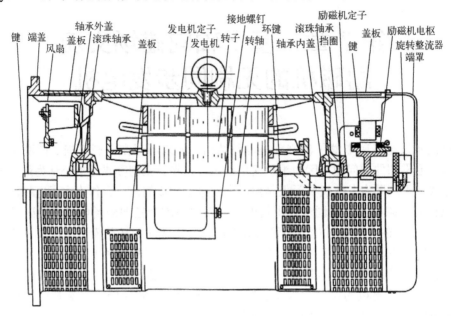

图 7.1　柴油机驱动的径向磁场无刷同步发电机的结构图

　　早在 2000 年左右，国内就开始涌现出第一批无刷同步发电机，并进行应用，如金华天瑞光电公司引进日本技术研制成功的风力发电机。在此之后，一批民营企业也陆续加入无刷同步发电机的领域，如远航科技、中威电子等。2010—2015 年，国内无刷同步发电机逐渐走向成熟，有了更为完善的技术和市场环境。例如，普华节能研制出了 5kW 级别的磁悬浮风力发电机，并在实验室中进行了验证；中车集团成立了新能源产业发展中心，开展了无刷同步发电机的研发和推广工作；立升电力等公司也推出了新型无刷同步发电机。近年来，国内无刷同步发电机的应用市场不断扩大，涉及风电、水电、太阳能等领域。例如，华锐风电采用无刷同步发电机，提高了风电机组的效率和可靠性；海洋牧场项目使用直驱式无刷同步发电机，实现了高效发电；华北电力大学研究团队开发出了具有高效能、低噪声、轻量化等特点的永磁同步发电机。

　　中小型无刷同步发电机是实现边（疆）老（区）贫困（区）电气化、促进地区经济发展和人民生活水平的重要装备，是船舶、现代电气化铁路、内燃机车等交通设备的关键装备。其中，移动式电站是国防建设、工程建设、海上采油平台、陆上电驱钻机、野外勘探等重要装备中必不可少的一种，而应急备用电站对于预防和救治突发事件，保障人民生命财产安全起到了不可替代的作用。

7.1.2　无刷同步发电机的应用

　　根据 GB50052—2009《供配电系统设计规范》的要求，一级负荷中特别重要的负荷供电，除应由双重电源供电外，还应增设应急电源，因此，以柴油机为原动力的无刷同步发电机在"独立式、应急式"非公共电网供电电源中扮演着至关重要的角色，既能单独连续运行，又可以在紧急情况下提供应急电力，确保用电的可靠性和人民生命财产的安全。现列举以柴油机为原动力的无刷同步发电机四个重要的用途。

（1）用作独立电源。一般设在远离电力网（或称市电）的地区或电力网达不到的边远地区，以满足这些地方的施工、生产和生活用电；或者是在经济发展比较快的地区，由于电力网的建设跟不上用户的需求而设立建设周期短的常用柴油发电机组来满足用户的需求。

（2）用作移动电站。例如，海上石油钻井平台用的电源必须是独立且移动的电站，故采用以柴油机为原动力的发电机供电。这类发电机一般容量较大，给非恒定负载提供连续的电力供应，对连续运行的时间没有限制。

（3）用作应急发电机。当电站的设备出现故障时应立即启动应急发电机，以保证电站的重要设备能安全、可靠地运行。发生自然灾害时以柴油机为原动力的无刷同步发电机用作应急发电机，在 2008 年汶川地震等重大自然灾害面前，其为我国的抗震救灾提供了有力的支持。2020 年年初爆发的新冠疫情，需要急速建设各种方舱医院、火神山、雷神山医院，应急发电机电源起了很重要的作用。对市电突然中断将造成较大损失的用电设备，常设置应急发电机对这些设备紧急供电，如高层建筑的消防系统、疏散照明、电梯、自动化生产线的控制系统、重要的通信系统等。

（4）用作备用电源。图 7.2 所示为岛礁多能源军事供电系统基本结构，光伏发电与风力发电都是不稳定的可再生能源，不能持续给负荷和储能系统供能，因此系统中需要配备能起调节作用的备源。而柴油发电机不受这些环境因素影响，能作为主要的电源给负荷持续供能。

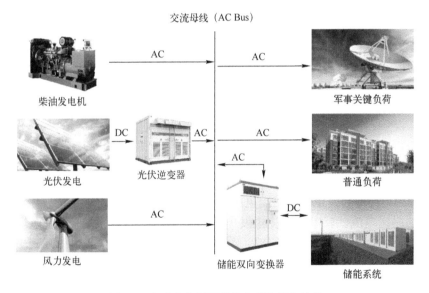

图 7.2　岛礁多能源军事供电系统基本结构

柴油发电机和无刷同步发电机还常设在电信部门、医院、市电供应紧张的工矿企业、机场和电视台等重要用电单位。这类发电机随时保持备用状态，能对非恒定负载提供连续的电力供应。

轴向磁场电机具有结构紧凑、功率密度高、效率高、散热容易等优点。本章利用轴向磁场电机作为无刷同步发电机的励磁机，使电机的体积大大减小，功率密度提高。基于轴向磁场交流励磁机的无刷同步发电机既可以用在分布式发电系统，也可以用在野战车移动电源、舰艇船舶电源、孤岛风光柴蓄供电系统，还可以用作水轮发电机等。

7.2 基于轴向磁场交流励磁机的无刷同步发电机的工作原理和基本结构

本章提出的基于轴向磁场交流励磁机的无刷同步发电机的结构与传统无刷同步发电机的结构有相同的地方，也有不同的地方。相同的地方是两种电机的主发电机结构是相同的，均为径向磁场电励磁、转场式同步发电机，区别在于交流励磁机的结构不一样，传统无刷同步发电机的交流励磁机为径向磁场电机，而本章提出的基于轴向磁场交流励磁机的无刷同步发电机的结构采用的是单定子单转子轴向磁场交流发电机。

7.2.1 无刷同步发电机的工作原理

无刷同步发电机由主发电机、旋转整流装置和交流励磁机组成，主发电机的励磁绕组在转子上，电枢绕组在定子上（将发出的电输出）。交流励磁机的电枢绕组在转子上，励磁绕组在定子上。交流励磁机给主发电机提供励磁电流，旋转整流装置将交流励磁机发出的交流电整流成直流电后供给主发电机转子绕组。旋转整流装置和主发电机的转子、交流励磁机的转子一起旋转，省去了集电环和电刷，实现了电机的无刷化。无刷同步发电机的接线原理图如图 7.3 所示。

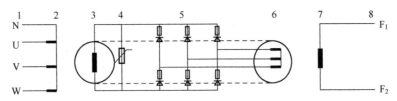

1—定子出线端；2—主机定子；3—主机转子；4—压敏电阻；5—旋转整流装置；6—励磁机转子；7—励磁机定子；8—调压器连接端子

图 7.3　无刷同步发电机的接线原理图

当原动机拖动主发电机旋转时，交流励磁机的电枢绕组首先将切割剩磁自励发出交流电，然后经旋转整流装置变成直流电后进入主发电机转子绕组以励磁，这时主发电机的输出端有电压，励磁电源取自发电机输出端电压，这种发电机被称为自励恒压发电机。只要调节交流励磁机的励磁电流，就可以改变主发电机的励磁电流，从而控制主发电机的输出端电压，依靠连接于主发电机输出端和交流励磁机定子磁场绕组之间的自动电压调节器就可以稳定主发电机的端电压了。

7.2.2 无刷同步发电机的基本结构

无刷同步发电机实际上是由主发电机和交流励磁机两台发电机组成的，主发电机发出的电向外输送到电网或直接传递到负载，交流励磁机发出的电给主发电机的转子绕组励磁，产生主磁通，提供主发电机将机械能转换为电能的媒介。

7.2.2.1 主发电机

主发电机由定子和转子两部分组成。

1. 主发电机定子

主发电机的定子称为电枢，由定子铁心和定子绕组组成。定子铁心由高导磁、低损耗的冷轧电工钢片冲制叠压而成，冲片去毛并相互绝缘，以降低涡流损耗。铁心沿轴向每隔一定距离垫入 H 型通风槽钢，形成多股径向通风道。为了削弱由齿槽脉动引起的高次谐波产生的附加转矩和噪声，铁心按斜槽方式叠压，即把转子槽相对定子槽沿轴向扭斜一个角度。

定子绕组为 F 级绝缘的双层波形绕组，线圈采用多股扁线绕制，以减少高次谐波电流损耗。用亚胺薄膜和粉云母带作为匝间和对地绝缘，再用优良的 NOMEX 纸作为铁心槽绝缘，因此定子绕组的耐热实际上高于 F 级绝缘的要求。线圈热压成型后嵌线，线圈连接处用银铜焊接并用粉云母带包扎，绕组端部的支撑和绑扎要求牢固，使之能耐受短路事故和其他冲击负荷所引起的强大拉力。绕组和铁心一起进行真空压力整体浸漆，最后烘干，使绕组成一个坚固的整体。

线圈和嵌线的质量非常重要，除应对线圈进行匝间耐冲击电压试验外，还应分别在线圈包扎成型、线圈嵌线、绕组连线和浸漆烘干后进行对地耐高压试验，以保证电机绝缘水平较高。

2．主发电机转子

转子采用凸极式结构。转子磁轭和转轴可用优质锻钢加工成一体，磁极用钢片叠压而成后，再用高强度合金钢螺栓将其固定在磁轭上。磁极冲片沿圆周方向钻有一排小孔，内插铜条，铜条端部用端环连接在一起形成阻尼绕组，用来抑制谐波，改善动态性能。磁场绕组采取多层侧绕方式直接绕制在包有多层复合绝缘的磁极铁心上，绕制时涂刷特殊配方的环氧树脂，经过热压后，磁极和铁心形成一个坚固的整体，因而具有很高的机械强度和优良的导热性能，磁极之间安装支撑块以防超速时发生松动，磁极绕组需要经过多次匝间耐冲击电压试验和对地耐高压试验，保证绝缘性能高度可靠。

7.2.2.2　交流励磁机

交流励磁机为单定子单转子轴向磁场交流发电机，定子绕组固定在端盖的内表面上，为了节省材料和改善散热，可利用电机端盖作为励磁机定子轭部。励磁机定子铁心采用 SMC-Si 钢组合铁心，结构如图 3.3（b）所示。励磁机电枢可采用 SMC 加工而成，电枢绕组采用分布式绕组，并安装在电枢槽内。绕组端部用玻璃钢绑扎，以承受高速旋转下的离心力。为了提高励磁系统的反应速度，交流励磁机的频率一般比主发电机的频率高，可高达数百赫兹，故交流励磁机的极数比主发电机的极数多，但最好不成整数倍。例如，某电机的主发电机极数为 6，励磁机的极数为 16。

7.2.2.3　旋转整流装置

交流励磁机发出的交流电需要通过整流装置整流后才能供给主发电机的励磁绕组，为了实现无刷，将整流装置、励磁机转子、主发电机转子同轴安装，整流装置和发电机的转轴一起旋转，因此被称为旋转整流装置。

旋转整流装置由半导体旋转整流二极管、快速熔断器、过电压保护器等元件组成，如图 7.4 所示。快速熔断器作为过电流或短路保护串联于每个二极管支路，浪涌抑制器或压敏电阻并联于旋转整流装置的直流侧两端，可以吸收瞬时过电压，作为过电压保护。旋转整流装置与主发电机转子也是同轴安装的，整流电路（单相、三相）应与交流励磁机的相数相同，可以是全桥整流式或半桥整流式，旋转整流装置的输入端（交流侧）接交流励磁机的输出端，其输出端（直流侧）通过转轴中心的轴孔与主发电机的转子励磁绕组相连，供给主发电机励磁。

图 7.4　旋转整流装置实物图

旋转整流装置不仅工作在高速、高温和有振动的场合，而且承受过流过压冲击的可能，是电机发生故障率较高的部件，因为在电机受到外界干扰时，尽管由负载电流产生的定子旋转磁场与转子绕组间无相对运动，但随着定子磁场幅值的突变，在转子绕组中便会感应出变压器电动势；而当电机负载不对称时，定子绕组中将会流过负序电流。这个负序电流所产生的负序磁场对转子有两倍同步转速的相对速度，将在转子磁场绕组中感应出旋转电动势；异相合闸常发生在同步设备检修后，因电压互感器一相连接错误而造成，当发电机电压与系统电压之间的相位角为 60°合闸时，会导致很高的转子电压，在非对称短路或并网的误操作过程中，上述旋转电动势和变压器电动势将可能于某一瞬间同时产生，这两个瞬时电动势加上交流励磁机电枢输送给旋转整流器的电动势，再与主发电机转子磁场绕组中原有的电流相叠加（转子磁场绕组是感性元件），共同作用于旋转整流二极管，可使导通的二极管流过很大的正向电流，也可使截止二极管承受很高的反向电压，将可能损坏二极管，在气隙较小、阻尼不良或没有阻尼的凸极同步发电机中，这一现象更为突出。若交流励磁机的极对数是主发电机的极对数的整数倍，当发电机三相对称短路时，则转子线圈中的感应电流也将流过正在导通的二极管，使二极管受损。

基于以上分析，必须采取适当的措施来预防可能发生的故障：在转子磁极表面装有阻尼绕组，以改善动态性能；交流励磁机的极对数和主发电机的极对数不成整数倍；对旋转二极管采取过压和过流保护；选择旋转二极管额定容量时留有较大裕量。因此，旋转整流装置在安装方式、绝缘方式、振动、热容量等方面必须经过精心设计、制造和严格的振动、超速、高温等试验，使其具有很高的可靠性，整流桥输出侧装有压敏电阻，以防发电机磁场绕组出现过电压时损坏整流二极管，而熔断器作为过流或短路保护串联于每个二极管支路，万一整流二极管出现故障，则与之串联的快速熔断器可保证其自动断开，从而防止交流励磁机局部严重超载过热；整流桥和交流励磁机的设计容量应考虑即使在一个整流二极管断开的情况下，仍能为发电机提供励磁电流，则发电机仍可带病轻载运行而不会出现故障扩大现象。若在控制系统中配以适当的故障监测装置，则可以在最合适的时刻停车和排除故障。

7.3　基于轴向磁场交流励磁机的无刷同步发电机的特点

图 7.5 所示为轴向磁场交流励磁无刷同步发电机结构示意图。新型无刷励磁系统相比传统无刷励磁系统有以下几个优点。

（1）交流励磁无刷同步发电机结构简单，励磁机转子铁心、绕组和旋转整流装置可以装在同一个圆盘上，电机接线方便，响应时间快。

（2）采用轴向磁场电机结构，端盖可以直接作为轴向磁场电机的定子盘，定子齿部装在端盖上，电机轴向长度大幅度缩短，充分利用空间。

（3）轴向磁场电机较径向磁场电机具有功率密度高、铁心利用率高、散热良好等优点。

无刷同步发电机的不足之处是励磁系统的电磁惯性大，因而其动态特性相对较差。为了提高动态特性，采取的措施是交流励磁机采用中频。另外，无刷同步发电机旋转整流装置的制造和安装工艺要求较高。

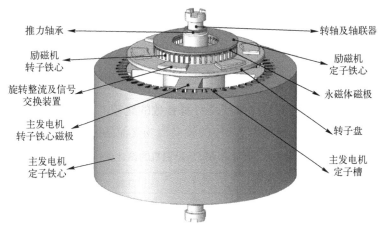

图 7.5　轴向磁场交流励磁无刷同步发电机结构示意图

7.4　径向磁场交流励磁机与轴向磁场交流励磁机对比分析

本节主要对 100kW 无刷同步发电机分别采用径向磁场交流励磁机和轴向磁场交流励磁机进行对比研究。

7.4.1　轴向磁场交流励磁机的电磁设计

7.4.1.1　交流励磁机主要技术参数确定

参考一台以柴油机为原动机的 100kW、1500r/min 无刷同步发电机的技术参数，设计一台单定子单转子轴向磁场交流励磁机，其中 100kW 无刷同步发电机需要的励磁容量大约为额定功率的 2%，即 2kW。表 7.1 所示为交流励磁机主要额定参数。

表 7.1　交流励磁机主要额定参数

主要技术参数	数值	单位
额定功率 P_N	2	kW
额定电压 U_N	220	V
额定电流 I_N	5.8	A
额定转速 n_N	1500	r/min
额定频率 f_N	400	Hz
功率因数 $\cos\varphi$	0.9	—
效率 η	>90%	—

表 7.2 所示为电机初始设计参数，在后面的磁路计算、有限元仿真中还需要对这些电机参数进行调整。

表 7.2　电机初始设计参数

参数	数值	参数	数值
槽数 Z	48	永磁体磁化长度 h_m/mm	3.5
极对数 p	16	气隙长度 g/mm	2
转子外径 D_{zo}/mm	201	轴向长度 L/mm	30.5
转子内径 D_{zi}/mm	116	极弧系数 α_p	0.8
永磁体外径 D_{out}/mm	201	绕组系数 k_{w1}	0.866
永磁体内径 D_{in}/mm	116	绕组连接方式	Y

7.4.1.2　电磁计算参数与 RMxprt 模块计算参数的比较

根据电磁计算程序计算，得到表 7.3 中的轴向磁场交流励磁机的设计参数。

表 7.3　轴向磁场交流励磁机的设计参数

参数	数值	参数	数值
额定功率/kW	2	永磁体厚度/mm	3.5
额定转速/(r/min)	1500	硅钢片	DW465-50
额定电压/V	220	永磁体	N38
定子槽数	48	转子轭部厚度/mm	3
转子极对数	16	平行槽宽/mm	5.1
绕组连接方式	Y	平行槽高/mm	15.5
气隙长度/mm	1.6	槽口宽度/mm	1.5
转子外径/mm	201	槽满率设计值	75%
转子内径/mm	116	每槽线圈匝数	36
永磁体外径/mm	200	线径/mm	1.15
永磁体内径/mm	115	极弧系数	0.8

在 Ansys Maxwell 中，RMxprt 模块是基于电机等效电路和磁路的理念，对电机模型进行计算、仿真，可以较快速实现电机的初步设计，并对电机电磁性能进行分析。表 7.4 所示为对 RMxprt 模块计算结果与利用电磁计算出来的结果进行对比，由于两种计算方法中所取经验值的不同，因此结果也有些差别，但均在设计要求内，证明该设计初步满足要求。

表 7.4　电磁计算与 RMxprt 模块计算值

工况	参数	RMxprt 数值	Excel 数值
空载	气隙磁通密度/T	0.77	0.70
	转子齿部磁通密度/T	1.6593	1.6598
	转子轭部磁通密度/T	1.6831	1.6612
	电动势/V	120	119
额定负载	相电流/A	5.83	5.83
	电枢电阻/Ω	0.5166	0.5060
	电流密度/(A/mm^2)	6.0170	4.3935
	铜耗/W	60.7497	51.6333
	永磁体质量/g	435	435

图 7.6 与图 7.7 分别为交流励磁机空载相反电动势波形图和交流励磁机空载线反电动势波形图，其相电压有效值约为 133V，线电压（额定电压）有效值约为 230V。图 7.8 所示为交流励磁机空载磁链波形图，其有效值约为 0.053Wb，正弦性比较好。

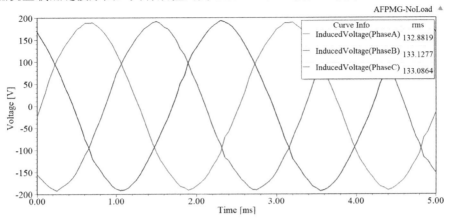

图 7.6　交流励磁机空载相反电动势波形图

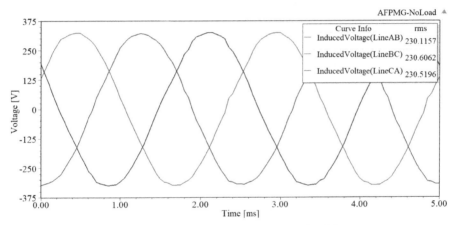

图 7.7　交流励磁机空载线反电动势波形图

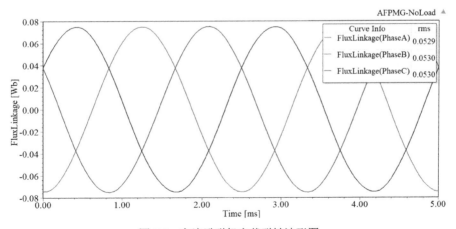

图 7.8　交流励磁机空载磁链波形图

为了观察交流励磁机在额定负载下的负载特性，通过模拟阻抗负载来实现。已知交流励磁机额定输出功率、额定电压和功率因数，计算出负载等效电阻与等效电感分别为

19.6Ω、3.779mH。图 7.9 所示为交流励磁机额定负载下的等效电路。

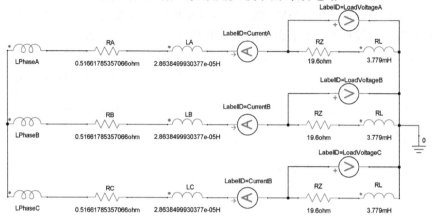

图 7.9 交流励磁机额定负载下的等效电路

在 Ansys Maxwell 中，定义输出量为正值，则输入量为负值。图 7.10 和图 7.11 分别为交流励磁机额定负载下的相电流波形图和交流励磁机额定负载下的磁链波形图。图 7.12 和图 7.13 分别为交流励磁机的电磁转矩波形图和交流励磁机输出功率波形图。

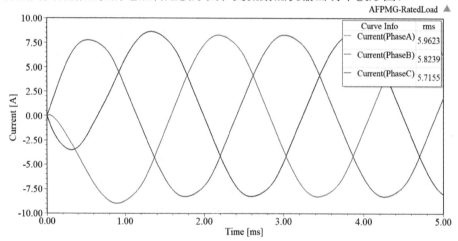

图 7.10 交流励磁机额定负载下的相电流波形图

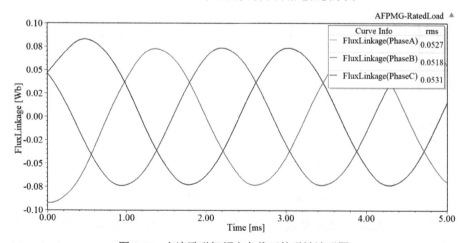

图 7.11 交流励磁机额定负载下的磁链波形图

152

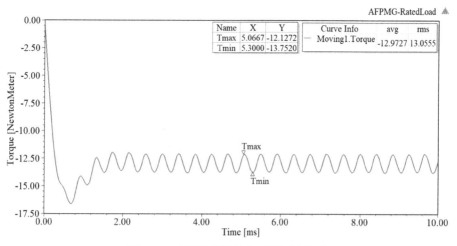

图 7.12　交流励磁机的电磁转矩波形图

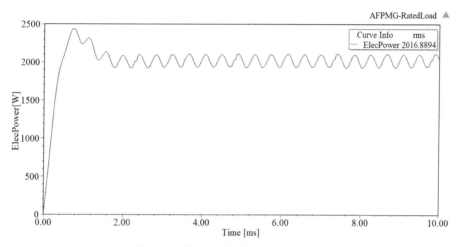

图 7.13　交流励磁机输出功率波形图

原动机带动转子转动时，发电机会产生一个制动转矩，即电机的电磁转矩。当电机的额定功率为 2kW，额定转速为 1500r/min 时，计算可得额定转矩约为 12.73N·m。

为了研究在整流负载下是否能输出额定功率，在旋转整流装置中搭建可控整流电路，Ansys 中无法实现可控整流，因此搭建不可控整流外电路观察输出特性，图 7.14 所示为交流励磁机不可控整流负载下的外电路。在使用二极管模型时，需要选择二极管模型控制元件与二极管并联使用。

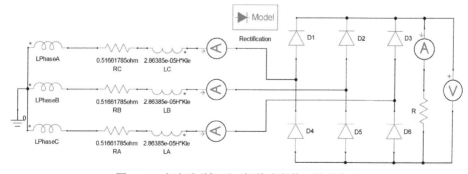

图 7.14　交流励磁机不可控整流负载下的外电路

图 7.15 和图 7.16 分别为带整流负载线反电动势波形图和带整流负载相电流波形图，与空载和额定负载相比较，其波形发生了变化。这是由于整流桥换相，三相负载不对称，电压、电流波形发生了畸变，因此电机各部分磁通密度有所上升，但未饱和。图 7.17 所示为整流负载输出功率波形图，表明交流励磁机输出功率正常。

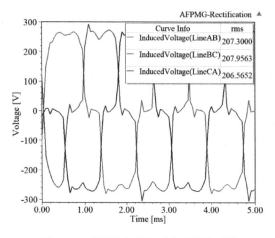

图 7.15　带整流负载线反电动势波形图

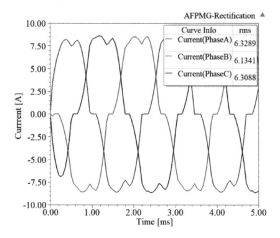

图 7.16　带整流负载相电流波形图

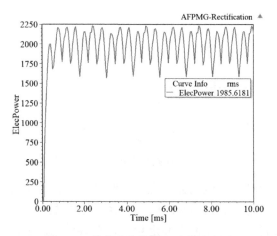

图 7.17　带整流负载输出功率波形图

7.4.2　在无刷同步发电机中使用轴向磁场交流励磁机的优势

对 7.3 节初步设计的轴向磁场交流励磁机与现有的径向磁场交流励磁机进行对比，得出在无刷同步发电机中使用轴向磁场交流励磁机的优势。图 7.18 所示为无刷同步发电机结构对比示意图。表 7.5 所示为相同功率的两台无刷同步发电机采用不同交流励磁机时的部分参数。

由表 7.5 中数据可知，当轴向磁场交流励磁机被用作无刷同步发电机的励磁机时，有两个明显优势：第一，相比径向磁场交流励磁机，同功率的轴向磁场交流励磁机自身轴向尺寸小，更容易与主同步发电机安装配合以节省空间；第二，相比径向磁场交流励磁机，同功率的轴向磁场交流励磁机功率密度高、铁心利用率高、散热性能好。

154

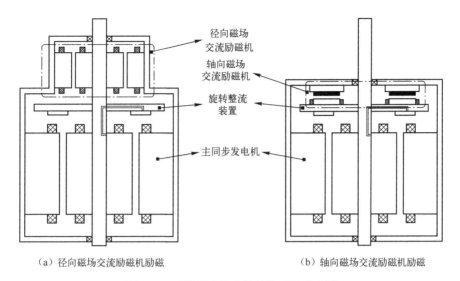

	径向磁场 交流励磁机
	轴向磁场 交流励磁机
	旋转整流 装置
	主同步发电机

（a）径向磁场交流励磁机励磁　　　　　　　　　（b）轴向磁场交流励磁机励磁

图 7.18　无刷同步发电机结构对比示意图

表 7.5　相同功率的两台无刷同步发电机采用不同交流励磁机时的部分参数

参数	径向磁场交流励磁机	轴向磁场交流励磁机
额定功率	2kW	2kW
长径比	1	0.15
电机外径/mm	145	201
轴向长度/mm	145	30.5
永磁体质量/g	446	435
电机体积/mm³	2394384.476	929911.425
功率密度/（MW/m³）	0.835	2.151

7.5　轴向磁场交流励磁机在水轮发电机中的应用

利用单边轴向磁场电机本身存在轴向磁拉力过大的问题对单定子单转子轴向磁场交流励磁机进行特殊结构设计。因为水轮发电机一般采用立式结构，当水轮发电机采用单定子单转子轴向磁场交流励磁机作为励磁机时，单定子单转子轴向磁场交流励磁机的轴向磁拉力较大，利用其轴向磁拉力的特性对整体电机进行磁悬浮设计，抵消部分重力，另外采用单定子单转子轴向磁场交流励磁机相比其他拓扑结构还有结构简单、占用空间少等优点。因此基于轴向磁场交流励磁机的无刷同步发电机很适合用作水轮发电机。

轴向磁场无刷同步发电机转子同轴连接部件与受力图如图 7.19 所示。整个发电机的转轴承受来自多个部件的重力，导致发电机启动阻力矩增大，因而增加了轴承的损耗。

为降低因为重力导致的发电机启动阻力矩，以及减少轴承的损耗，可以从轴向力入手。

根据麦克斯韦张量理论，三维坐标系中定子盘上所受的力分别为沿 x、y 轴的切向力和沿 z 轴的轴向力。切向力主要体现在发电机的转矩与齿槽转矩上，轴向力是在轴向磁场电机定子盘与转子盘之间的磁拉力。具体分析如下。

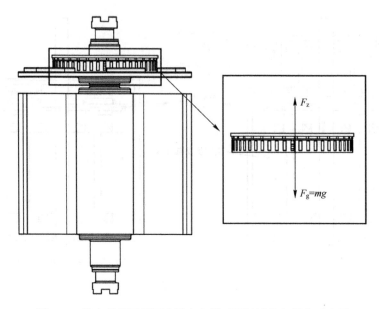

图 7.19　轴向磁场无刷同步发电机转子同轴连接部件与受力图

忽略磁致伸缩和热应力影响，受力可由以下三部分组成：

$$F_o = [J \times B]_o - \sum_{j,k=1}^{3} H_j H_K \delta_o \mu_{jk} - [\text{rot}(H \times B)]_o \tag{7.1}$$

式中，o 表示 x、y、z 三个方向；$J \times B$ 为绕组的洛伦兹力；$H_j H_K \delta_o \mu_{jk}$ 为异向的磁导率产生的力，$H \times B$ 为转矩力。

去除切向力，进而由麦克斯韦张量理论表示为

$$F_z = \frac{\mu(H_y^2 - H_x^2)}{2} \tag{7.2}$$

由电机内部磁场储能公式，推出轴向力为

$$F_z = \frac{R_{\text{out}}^2 - R_{\text{in}}^2}{4\mu_0} \int_0^{2\pi} B_z^2(\theta, R) \mathrm{d}\theta \tag{7.3}$$

设轴向磁场交流励磁机定子盘的铁心面积为 S，则

$$F_z = \frac{1}{2\mu_0} \int_0^S B_z^2(x, y) \mathrm{d}S \tag{7.4}$$

则轴向力进一步化简为

$$F_z = \frac{B_g^2 S}{2\mu_0} \tag{7.5}$$

式中，μ_0 为真空磁导率；B_g 为气隙磁通密度。

表 7.6 所示为电机参数变化对轴向磁拉力的影响。根据仿真数据，当使用上文所设计的电机参数时，可以得出图 7.20 和图 7.21 的交流励磁机 1/16 受力示意图和转子铁心与永磁体受力波形图。由图可知，永磁体与转子铁心所受力的大小相同、方向相反，此种力为轴向吸力，大小约为 1933N。F_x 与 F_y 为切向力，产生电磁转矩与齿槽转矩。

表 7.6　电机参数变化对轴向磁拉力的影响

极弧系数 α_p	辅助槽个数	永磁体偏移角度/°	轴向力 F_z/kN
0.6	—	—	2.248
0.7	—	—	2.707
0.8	—	—	3.092
0.6	1	—	1.556
0.7	1	—	1.934
0.8	1	—	2.491
0.71	1	3	1.948
0.71	1	5	1.954
0.71	1	7	1.933

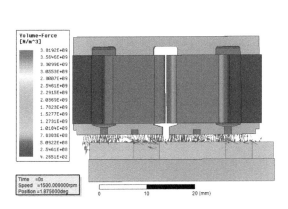

图 7.20　励磁机 1/16 受力示意图　　　　图 7.21　转子铁心与永磁体受力输出波形图

　　根据以上分析，轴向磁场电机定子和转子之间会产生较大磁拉力，进而利用磁拉力对发电机进行磁悬浮设计。通过将整个发电机组竖置（立式）安装，在机壳顶端安装轴向磁场交流励磁机，下端安装凸极同步发电机，两个发电机转子同轴相连，且转轴两端使用相对的推力轴承进行承压。当发电机启动时，轴向磁场交流励磁机产生较大的轴向力，利用轴向力把整个转轴部分吸浮，此时吸浮力克服转轴上部件的重力，使推力轴承受到的压力减小，经过仿真分析，得到竖置装配发电机时轴承所承受的压力大大减小。使用推力轴承是因为发电机在未启动状态时轴承需要承受转轴上的重力，普通轴承不适用。

第 8 章　轴向磁场永磁同步电机的齿槽转矩分析

轴向磁场永磁同步电机省去了励磁绕组，具有效率高、结构简单、转矩密度高等优点。但是由于永磁体的存在，在定子绕组不通电的情况下，转子上的永磁体和定子铁心之间相互作用，产生一种固有的转矩，被称为齿槽转矩。齿槽转矩的存在使电机的转矩脉动，进而导致速度波动；转矩脉动还会使电机产生振动和噪声，当转矩脉动的频率与电枢电流谐振频率一致时会产生共振，进一步增加电机的振动和噪声；齿槽转矩还会使电机产生附加损耗，降低电机的效率；严重影响伺服电机的定位精度，尤其在低速时影响更为严重。齿槽转矩是永磁同步电机特有的现象，要减小或消除齿槽转矩需要从电机的本体结构或控制策略来采取措施。

本章首先从齿槽转矩产生的机理出发，分析齿槽转矩产生的原因，然后从电机的本体结构方面提出削弱或抑制轴向磁场永磁同步电机齿槽转矩的方法。

8.1　齿槽转矩产生的机理

永磁体与定子齿之间存在着相互作用的力，其中的切向力总是试图将永磁体磁极轴线与定子齿的轴线对齐，从而使转子有定位在某个位置的趋势，因此被称为定位转矩，也被称为齿槽转矩。齿槽转矩可以简单地被理解为在磁路磁阻分布不均匀的情况下，磁力线总会沿着磁阻最小的磁路闭合，即"磁路磁阻最小原理"或"最大磁导原理"。

从能量的观点来分析，当电机转子旋转时，永磁体两侧面对应定子齿槽的一小段范围内磁导发生变化，引起磁场储能发生变化，从而产生齿槽转矩。即使在永磁电机定子绕组没有电流时，永磁体和定子齿之间也会相互吸引产生齿槽转矩。

齿槽转矩的计算方法有很多，主要包括有限元分析法、虚位移法（能量法）、麦克斯韦张量法等。有限元分析法是目前最为广泛的电磁场计算方法，在数值计算上具有其他计算方法无法比拟的优势。虚位移法是保持电机的磁通不变，计算电机磁场储存的能量对位移的导数，这种方法在工程上也得到广泛运用。麦克斯韦张量法是通过计算等效的面积力来代替体积力，有利于确定交界面上的电磁力。

基于能量法的齿槽转矩定义：电机不通电时磁场能量 W 相对转子位置角 α 的负导数，即

$$T_{\text{cog}} = -\frac{\partial W}{\partial \alpha} \tag{8.1}$$

式中，α 为定子齿中心线与永磁体中心线的夹角；W 为电机内部的磁场能量。

为了便于研究，假设在同一电机中永磁体的形状一样，铁心的磁导率为无穷大，并且永磁体与空气的磁导率相同，则电机内储存的磁场能量近似为永磁体中的磁场能量和电机气隙中磁场能量之和：

$$W \approx W_{\text{airgap+PM}} = \frac{1}{2\mu_0} \int_V B^2 \mathrm{d}V \tag{8.2}$$

磁场能量 W 由永磁体性能、定子和转子相对位置，以及电机结构尺寸决定，气隙磁通密度在电枢表面的分布可以近似表示为

$$B(\theta,\alpha) = B_{\text{r}}(\theta) \frac{h_{\text{m}}(\theta)}{h_{\text{m}}(\theta) + g(\theta,\alpha)} \tag{8.3}$$

式中，$B_{\text{r}}(\theta)$、$g(\theta,\alpha)$、$h_{\text{m}}(\theta)$ 分别为永磁体剩磁、有效气隙长度、永磁体充磁方向长度沿圆周方向的分布。

将式（8.3）代入式（8.2）可得：

$$W = \frac{1}{2\mu_0} \int_V B_{\text{r}}^2(\theta) \left[\frac{h_{\text{m}}(\theta)}{h_{\text{m}}(\theta) + g(\theta,\alpha)} \right]^2 \mathrm{d}V \tag{8.4}$$

分别对 $B_{\text{r}}^2(\theta)$ 和 $\left[\dfrac{h_{\text{m}}(\theta)}{h_{\text{m}}(\theta) + g(\theta,\alpha)} \right]^2$ 进行傅里叶分解，其傅里叶展开式可表示为

$$B_{\text{r}}^2(\theta) = B_{\text{r0}} + \sum_{n=1}^{\infty} B_{\text{m}} \cos 2np\theta \tag{8.5}$$

$$\left[\frac{h_{\text{m}}(\theta)}{h_{\text{m}}(\theta) + g(\theta,\alpha)} \right]^2 = G_0 + \sum_{n=1}^{\infty} G_n \cos nz\theta \tag{8.6}$$

$$G_0 = \left(\frac{h_{\text{m}}}{h_{\text{m}} + g} \right)^2 \tag{8.7}$$

$$G_n = \frac{2}{n\pi} \left(\frac{h_{\text{m}}}{h_{\text{m}} + g} \right)^2 \sin\left(n\pi - \frac{nz\theta_{\text{s0}}}{2} \right) \tag{8.8}$$

式中，θ_{s0} 为用弧度表示的电枢槽口宽度。

将式（8.5）和式（8.6）代入式（8.4），并结合式（8.1）可得到齿槽转矩的表达式为

$$T_{\text{cog}}(\alpha) = \frac{z\pi L_{\text{a}}}{4\mu_0} (R_{\text{out}}^2 - R_{\text{in}}^2) \sum_{n=1}^{\infty} nG_n B_{\text{r}\frac{nz}{2p}} \sin nZ\alpha \tag{8.9}$$

式中，μ_0 为真空磁导率；z 为电机定子槽数；L_{a} 为电枢铁心轴向长度；R_{out} 为定子轭外半径；R_{in} 为定子轭内半径；B_{r} 为永磁体的剩磁密度；n 为使 $nz/2p$ 为整数的整数；Z 为定子槽数 z 与极数 $2p$ 的最小公倍数 $\text{LCM}(2p,z)$。轴向磁场永磁电机的齿槽转矩解析方法和表达形式与普通径向磁场永磁电机的相同，但式中参数 L_{a}、R_{out}、R_{in} 所表达的物理意义不同。

由式（8.9）可以看出，当电机定子轭的内外径及电枢铁心轴向长度确定后，对齿槽转矩大小起主要作用的是 $B_{\text{r}nz/2p}$ 和 G_n 的幅值，因此通过减少 $B_{\text{r}n}$ 的次数和减小 G_n 的大小，能够有效削弱电机的齿槽转矩。

8.2 齿槽转矩削弱方法

轴向磁场永磁同步电机齿槽转矩的削弱方法主要分成两大类，一类主要通过电机的控制策略来抵消，属于被动的削弱方法；另一类为主动削弱方法，从电机的本体结构来考虑，在设计电机本体时通过改变其结构参数来削弱电机的齿槽转矩。本章主要研究电机本体结构

参数对齿槽转矩的影响，不考虑通过电机控制策略来削弱齿槽转矩的方法。从电机本体上考虑，削弱齿槽转矩的方法可以分为三类，即分别从定子侧、转子侧和电机总体来考虑。

（1）从定子侧结构参数方面来削弱齿槽转矩。优化定子侧参数主要影响 G_n 的幅值，主要包括改变槽口宽度、定子斜槽、定子齿开辅助槽和采用磁性槽楔等。在定子齿开辅助槽的原理是改变电机的极槽配合来降低电机的齿槽转矩。

（2）从转子侧结构参数方面来削弱齿槽转矩。从转子侧考虑降低齿槽转矩的方法主要是减小 B_{rn} 的幅值，可以通过改变永磁体的参数来实现，如优化转子磁极的极弧系数、永磁体斜极、永磁体轴向分段偏移，采用不等厚永磁体、不同极弧系数组合来抑制电机的齿槽转矩，还可以采用 Halbach 阵列充磁的方法。

（3）从电机总体参数方面来削弱齿槽转矩。采用分数槽绕组、电机的极槽配合。以上提及的削弱齿槽转矩的方法虽然是基于径向磁场永磁同步电机齿槽转矩的推导得到的，但由于轴向磁场永磁同步电机和径向磁场永磁同步电机的工作原理相同，齿槽转矩产生的机理也相同，所以轴向磁场永磁同步电机的推导方式与径向磁场永磁同步电机的推导方式也没有什么区别，因此径向磁场永磁同步电机削弱齿槽转矩的方法可以移植到轴向磁场永磁同步电机上。并且由于轴向磁场永磁同步电机独特的拓扑结构，还衍生出了其他抑制齿槽转矩的措施，如双定子电机中的两个定子盘错位安装、双转子电机的两个转子盘错位安装等，通过研究证明这些方法也能够有效削弱轴向磁场永磁同步电机的齿槽转矩。

另外，削弱电机齿槽转矩既可以采用一种方法，也可以采用几种方法的组合以获得最优的解决方案。在工程实际削弱齿槽转矩方法中，有的将影响电机的输出特性，如使输出电压或转矩降低，这时需要通过增加匝数或加大永磁体用量来弥补。同时，一些削弱方法对电机的工艺要求较高，导致具体实施困难。因此，在选取齿槽转矩优化方法时不仅需要权衡齿槽转矩与电机输出性能之间的关系，同时，需要综合考量优化方法实现的难易程度。

结合轴向磁场永磁同步电机定子铁心制造较困难的特点，本章主要从电机总体和转子侧方面来考虑削弱齿槽转矩的措施，主要讨论极弧系数、永磁体斜极、磁极分段偏移、定子盘偏移、转子盘偏移、定子槽形和极槽配合对齿槽转矩的影响。

8.2.1　极弧系数对齿槽转矩的影响

极弧系数的大小对气隙磁通密度的波形有一定影响，同时影响轴向磁场永磁同步电机的齿槽转矩。因此，选择合适的极弧系数有利于削弱电机的齿槽转矩。小的极弧系数有利于减小磁极间的漏磁，但是会减少每极磁通量。磁通量的减少会增加电机绕组的匝数。大的极弧系数使极间漏磁增加，永磁体的利用率会降低。

在第 3 章中，从极槽配合削弱齿槽转矩的角度考虑，提出了 20 极 24 槽轴向磁场永磁同步伺服电动机模型，本章将在 Maxwell 软件中对 α_p 取值为[0.64,0.80]的齿槽转矩进行求解，得到图 8.1 所示不同极弧系数 α_p 下轴向磁场永磁同步电机齿槽转矩的变化情况。由图可以看出，随着极弧系数的增大，电机的齿槽转矩先减小后增大。在初始设计的极弧系数 0.68 处，电机的齿槽转矩峰峰值约为 2.18N·m，电动机的额定转矩约为 36.5N·m，齿槽转矩占额定转矩的比值达到了 5.9%，因此需要对其进行优化。当 α_p=0.72 时，齿槽转矩峰峰值最低，约为 0.43N·m，相比极弧系数为 0.68 时下降了约 80%，随着极弧系数的增加，电动势也会增大。

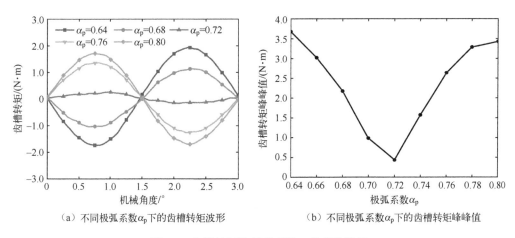

（a）不同极弧系数α_p下的齿槽转矩波形   （b）不同极弧系数α_p下的齿槽转矩峰峰值

图 8.1　齿槽转矩随极弧系数α_p的变化情况

空载反电动势的有效值及其波形的 THD（Total Harmonic Distortion，总谐波畸变率）随极弧系数α_p的变化曲线如图 8.2 所示。可以看出，当极弧系数从 0.64 增大到 0.80 时，电动机的反电动势有效值也不断增大，而反电动势波形的 THD 先减小后增大，但其值均不超过 5%。当极弧系数α_p=0.74 时，电机的反电动势波形 THD 最低，约为 1.33%。

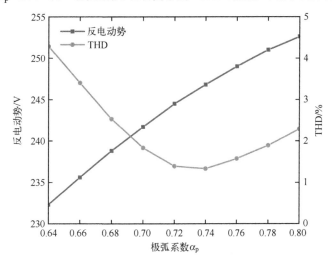

图 8.2　空载反电动势的有效值及其波形的 THD 随极弧系数α_p的变化曲线

8.2.2　永磁体斜极对齿槽转矩的影响

永磁体斜极一般是指将永磁体倾斜一定的角度 β，通过减小定子的气隙磁导变化率，从而削弱电机的齿槽转矩。对于径向磁场永磁同步电机而言，在理想情况下，当永磁体倾斜一个齿距时就可以完全消除齿槽转矩。但由于径向磁场永磁同步电机为圆柱式结构，当磁极采用表贴式安装时，永磁体的形状为具有一定弧度的瓦状形，因此斜极的加工工艺复杂，而通常采用定子斜槽来代替。相比之下，轴向磁场永磁同步电机采用表贴式结构时，永磁体一般粘贴在转子盘上，斜极只需要在磁极加工过程中倾斜一定的角度即可实现。另外，不管永磁体倾斜与否，其磁化过程也都是相同的。因此，永磁体斜极更适合用于轴向磁场永磁同步电机齿槽转矩的削弱。

轴向磁场永磁同步电机永磁体斜极示意图如图8.3所示。根据第3章介绍的电机的设计参数，按照传统的径向磁场永磁同步电机永磁体斜极角度的计算公式可得：当$\beta=15°$时，理论上可以消除齿槽转矩。然而，由于轴向磁场永磁同步电机内、外半径的不同，所以其永磁体斜极角度的计算与径向磁场永磁同步电机永磁体斜极角度的计算接近，但并不完全相同。因此对于本章研究的轴向磁场永磁同步电机而言，当永磁体斜极角度为15°时也只能在一定限度上削弱电机的齿槽转矩，而不能完全消除。

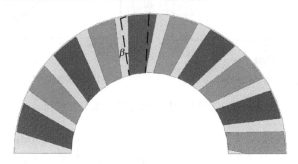

图8.3　轴向磁场永磁同步电机永磁体斜极示意图

图8.4所示为不同永磁体斜极角度β下轴向磁场永磁同步电机齿槽转矩的变化情况，其中β的变化范围为[0°,15°]。可以看出，随着永磁体斜极角度β从0°～15°不断增大，电机的齿槽转矩不断下降，但其下降的趋势也随之平缓。当β从0°～3°增加时，齿槽转矩的下降幅度最大，在6°～15°范围内，齿槽转矩的削弱效果开始明显降低，最终在$\beta=15°$时取得最小齿槽转矩峰峰值，约为0.27N·m，相比于初始永磁体斜极角度$\beta=0°$时下降了约87%。

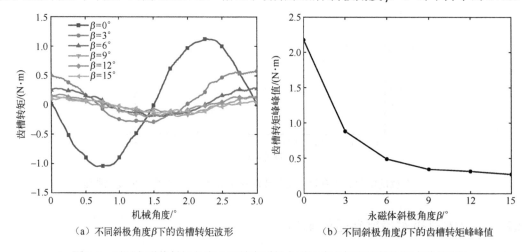

（a）不同斜极角度β下的齿槽转矩波形　　　（b）不同斜极角度β下的齿槽转矩峰峰值

图8.4　不同永磁体斜极角度β下轴向磁场永磁同步电机齿槽转矩的变化情况

空载反电动势的有效值及其波形的THD随永磁体斜极角度β的变化曲线如图8.5所示。可以看出，当永磁体斜极角度β在0°～15°的范围内增大时，电动机的空载反电动势有效值及其波形的THD都不断下降，其中，反电动势有效值下降的幅度较大，且其趋势也在不断增大。因此，尽管永磁体斜极能够起到削弱齿槽转矩的作用，同时在一定限度上也能降低反电动势的THD，但随着永磁体斜极角度的不断增大，对于齿槽转矩的削弱作用也在不断降低。与此同时，电机的空载反电动势的下降速度反而更快，将严重影响其输出性能。因此在采取削弱齿槽转矩措施的同时，也要考虑电机性能的变化，采取相应的措施来弥补永磁体斜极带来的影响，或者采取折中的方案。

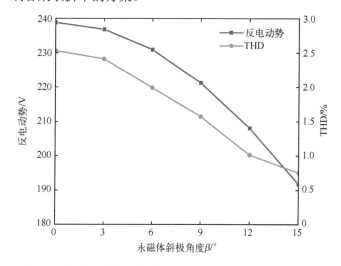

图 8.5　空载反电动势的有效值及其波形的 THD 随永磁体斜极角度 β 的变化曲线

8.2.3　磁极分段偏移对齿槽转矩的影响

由 8.2.2 节的分析可知，转子斜极是减小永磁电机齿槽转矩简单而又行之有效的方法，特别对于轴向磁场永磁同步电机，由于其转子为平面形结构，这种方法更加实用。转子斜极除了上面介绍的整体斜极，还有一种是分段斜极，图 8.6 所示为转子斜极的两种方法。

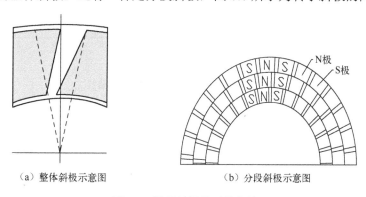

（a）整体斜极示意图　　　　　　　　（b）分段斜极示意图

图 8.6　转子斜极的两种方法

当采用分段斜极时，将每块永磁体在径向上分成 m 段，将 m 段永磁体在径向上依次错开 δ 角度，即 $\delta = \theta_{sk} / m$，图 8.6（b）是将每磁极分成三段时的分段斜极示意图。

采用分段斜极的方法，做出如下假设：忽略磁极边缘效应的影响；忽略相邻磁极因错位引起的磁场的变化。轴向磁场永磁电机的齿槽转矩为 m 个环上的齿槽转矩之和，根据式（8.9）求得各个环上齿槽转矩为

$$T_{\text{cog}_i}(\alpha) = \frac{\pi z L_a}{4\mu_0} (R_{i+1}^2 - R_i^2) \sum_{n=1}^{\infty} n G_n B_{r\frac{nz}{2p}} \sin\left\{ nz \left[\alpha + (i-1)\frac{\theta_{sk}}{m} \right] \right\}, \quad i=1,2,3,\cdots,m \qquad (8.10)$$

式中，R_i 和 R_{i+1} 分别为第 i 段永磁体的内半径与外半径，对各环齿槽转矩求和得到总齿槽转

矩为

$$T_{\mathrm{cog}}(\alpha) = \sum_{i=1}^{m} T_{\mathrm{cog}_i}(\alpha) = \frac{\pi z L_{\mathrm{a}}}{4\mu_0} \sum_{n=1}^{\infty} n G_n B_{r\frac{nz}{2p}} \sum_{i=1}^{m} (R_{i+1}^2 - R_i^2) \sin\left\{ nz\left[\alpha + (i-1)\frac{\theta_{\mathrm{sk}}}{m} \right] \right\} \quad (8.11)$$

利用三角恒等式削去尽量多的谐波，且令永磁体各段径向长度满足 $R_{m+1}^2 - R_m^2 = R_m^2 - R_{m-1}^2 = \cdots = R_{i+1}^2 - R_i^2 = \cdots R_2^2 - R_1^2 = Y$，可将式（8.11）简化，整理为

$$T_{\mathrm{cog}}(\alpha) = \frac{\pi z L_{\mathrm{a}}}{4\mu_0} \sum_{n=1}^{\infty} m^2 n G_{mn} B_{r\frac{nz}{2p}} \sin(mnz\alpha) \quad (8.12)$$

可见，当分段斜极之后，齿槽转矩仅剩下 $m \times n$ 次谐波分量，其余分量均被消去。

在 Maxwell 软件中对 20 极 24 槽轴向磁场永磁同步电机的齿槽转矩求解，图 8.7 所示为整体斜极时的齿槽转矩仿真曲线。图 8.8 所示为分段斜极时的齿槽转矩仿真曲线。可以看出，当斜 1 个斜极角时，齿槽转矩得到了明显的削弱，齿槽转矩变得很小了。

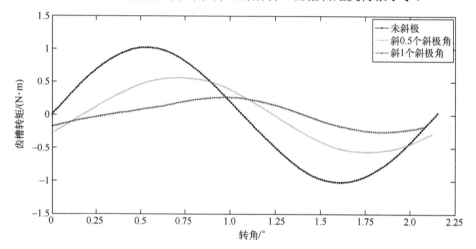

图 8.7　整体斜极时的齿槽转矩仿真曲线

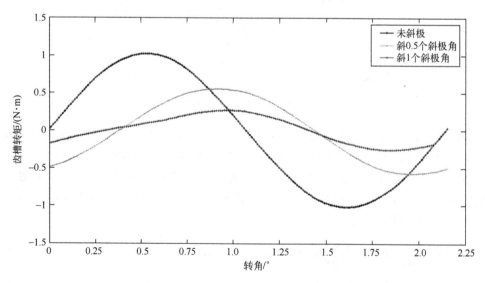

图 8.8　分段斜极时的齿槽转矩仿真曲线

从傅里叶展开式分析得知，即使转子斜极 θ_{sk}，也只能一定限度地削弱齿槽转矩的各阶谐波，而远达不到完全消去齿槽转矩的目的。

8.2.4 定子盘偏移对齿槽转矩的影响

双气隙轴向磁场永磁同步电机的齿槽转矩是由两个气隙中永磁体与其相对应的定子齿槽产生的齿槽转矩波形叠加而成的。在双定子单转子轴向磁场永磁同步电机中，将一个定子盘相对另一个定子盘移动一个角度，如图 8.9 所示。在讨论定子盘偏移时，假定永磁体不斜极。

在初始设计中，电机两侧的定子齿相对于中间转子完全对称，两侧定子上的齿槽转矩无相位差。如果将其中一个定子沿圆周方向旋转 γ 角度，另一个定子保持不动，则两个定子之间将互相错开 γ 角度，此时电机两侧受到的齿槽转矩的合成幅值将变小，从而削弱了电机的齿槽转矩。因此，通过周向改变双定子单转子轴向磁场永磁同步电机中两个定子盘的相对位置均可以降低齿槽转矩。

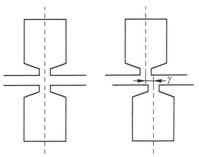

图 8.9　单个定子旋转 γ 角度示意图

将电机齿槽转矩展开为傅里叶级数形式：

$$T_{\text{cog}} = \sum_n T_n = \sum_n A_n \sin \frac{2\pi n}{\varepsilon} \varphi \tag{8.13}$$

$$\varepsilon = \frac{2\pi}{24 N_{\text{p}}} = \frac{\pi}{12 N_{\text{p}}} \tag{8.14}$$

式中，A_n 为 n 次谐波分量系数；φ 为转子盘旋转的机械角度；ε 为齿槽转矩基波分量的周期。

在双定子单转子轴向磁场永磁同步电机中，当单个定子按图 8.9 所示沿圆周方向旋转 γ 角度时，电机的齿槽转矩为

$$T_{\text{cog}} = \sum_n A'_n \sin \left(\frac{2\pi n}{\varepsilon} \varphi \right) + \sum_n A'_n \sin \left[\frac{2\pi n}{\varepsilon} (\varphi + \gamma) \right] \tag{8.15}$$

为使齿槽转矩的 n 次谐波分量达到最小，则需要满足如下关系式：

$$\frac{2\pi n}{\varepsilon} \varphi = \frac{2\pi n}{\varepsilon} (\varphi + \gamma) \pm k\pi, \ k = 1, 3, 5, \cdots \tag{8.16}$$

由式（8.16）可得：

$$\gamma = \pm \frac{k\varepsilon}{2n} \tag{8.17}$$

将轴向磁场永磁同步电机一个周期内的齿槽转矩进行谐波分析，其结果如图 8.10 所示。可以看出，除基波分量外，齿槽转矩的其余谐波含量都极低，因此能够大幅度地降低齿槽转矩的大小。另外，为减小单个定子旋转对电机主磁路的影响，旋转角度不宜过大，因此 k 取 1。结合式（8.14）和式（8.17），可计算得到当 γ 为 1.5°时，电机齿槽转矩的谐波分量最小。

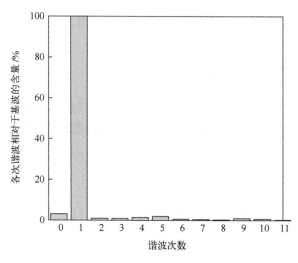

图 8.10　齿槽转矩谐波分析

　　为验证上述分析是否正确，对单个定子旋转 γ 角度后的轴向磁场永磁同步电机的齿槽转矩进行有限元分析，γ 的取值范围为[0°,3°]，其结果如图 8.11 所示。由图可知，随着单个定子旋转角度 γ 不断增大，电机的齿槽转矩先减小后增大，当 γ=1.5°时，电机的齿槽转矩峰峰值最小，约为 0.1366N·m，这也验证了前面所述理论分析的正确性。

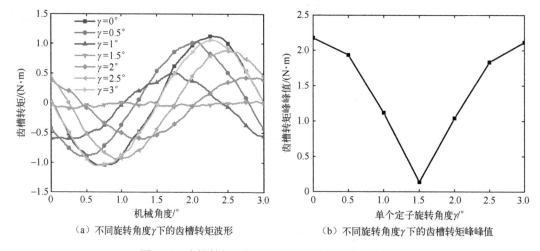

（a）不同旋转角度 γ 下的齿槽转矩波形　　　　（b）不同旋转角度 γ 下的齿槽转矩峰峰值

图 8.11　齿槽转矩随单个定子旋转角度 γ 的变化情况

　　另外，由图 8.11 还可以观察到，γ=0°和 γ=3°时的齿槽转矩波形基本重合，齿槽转矩峰峰值大小也基本相等，这是因为本章设计的轴向磁场永磁同步电机的齿槽转矩周期为 3°（机械角度），当单个定子旋转 3°后，两侧定子上的齿槽转矩再次保持同相位关系。

　　空载反电动势的有效值及其波形的 THD 随单个定子旋转角度 γ 的变化曲线如图 8.12 所示。可以看到，随单个定子旋转角度 γ 的增大，空载反电动势有效值及其波形的 THD 都有所下降。其中，反电动势有效值的下降趋势也在不断增大，但相较于永磁体斜极，采用该方法时反电动势下降的幅度并不大。

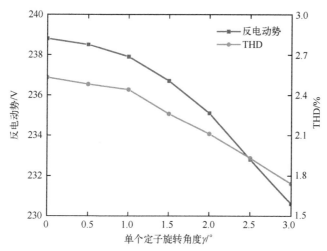

图 8.12　空载反电动势的有效值及其波形的 THD 随单个定子旋转角度 γ 的变化曲线

8.2.5　转子盘偏移对齿槽转矩的影响

由前面的分析可知，在双转子单定子轴向磁场永磁同步电机中，通过周向改变外侧两个转子盘的相对位置可以削弱齿槽转矩。同样假定：在讨论转子盘偏移时，永磁体不斜极。

对于双转子单定子轴向磁场永磁同步电机，在原有电机模型的基础上，保持一个转子盘不动，将另一个转子盘以转动轴为中心转动一个槽距（机械角度为 7.5°），其他的设置保持不变，如图 8.13 所示。通过软件对电机模型进行有限元计算，转子盘偏移优化的齿槽转矩如图 8.14 所示，齿槽转矩大小降到了 500N·m 左右，低于优化前电机齿槽转矩的 1/10。由此可以看出，双转子单定子轴向磁场永磁同步电机可以通过将两个转子盘错开一定的角度，从而较容易地达到削弱齿槽转矩的效果。

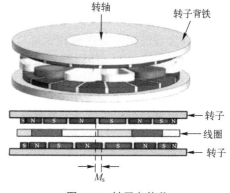

图 8.13　转子盘偏移

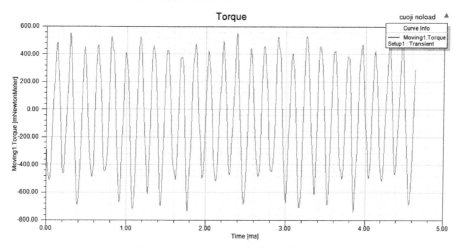

图 8.14　转子盘偏移优化的齿槽转矩

8.2.6 定子槽形对齿槽转矩的影响

1. 斜槽对齿槽转矩的影响

斜槽就是把电机齿槽沿圆周方向倾斜一定的角度，定子斜槽是削弱轴向磁场永磁同步电机齿槽转矩最有效的方法，斜槽可以削弱电机齿谐波引起的附加转矩和噪声。由于定子斜槽后导体沿圆周方向在磁场内的位置不同，具有一定的相位差，因此会削弱电机空载感应电动势内的齿谐波电动势。

但是在实际应用过程中，因为轴向磁场永磁同步电机磁体的材料存在一定的分散性，有可能导致轴向磁场永磁同步电机在制造过程中造成转子偏心，并且斜槽不能削弱铁心端部和永磁体端部之间磁场产生的齿槽转矩。

2. 槽口宽度对齿槽转矩的影响

由式（8.8）可知，傅里叶分解系数 G_n 与槽口宽度 θ_{s0} 的大小有关，选择合理的槽口宽度可以使 G_n 值等于零。即

$$\sin\left(n\pi - \frac{nz\theta_{s0}}{2}\right) = 0 \tag{8.18}$$

求解可得：

$$\theta_{s0} = \frac{2c\pi}{nz} \tag{8.19}$$

式中，$0 \leqslant c \leqslant n$。

选取合理的槽口宽度有利于降低电机的齿槽转矩，值得注意的是，在选取槽口宽度时也要综合考虑其他方面的因素，槽口宽度过小，对电机的加工制造要求有所提高，并且槽口宽度减小，电机嵌线困难，提高了电机的制造成本。

由于轴向磁场永磁同步电机采用硅钢片叠片制造定子铁心的工艺比较复杂，因此在定子侧对电机进行优化的方案不是最佳的，在轴向磁场永磁同步电机中采用永磁体斜极来降低齿槽转矩是经济有效的方法。但当定子铁心采用 SMC 制成时，由于 SMC 具有使复杂形状容易成形的优点，因此可以根据实际情况来考虑定子是否斜槽。

8.2.7 极槽配合对齿槽转矩的影响

在轴向磁场永磁同步电机中，齿槽转矩根据定子和转子的相对位置呈周期性变化，而电机的极槽配合决定了周期数的大小。设转子转过一个齿距弧度对应的齿槽转矩周期数为 N_p，则其值为

$$N_p = \frac{2p}{\mathrm{GCD}(z, 2p)} \tag{8.20}$$

式中，$\mathrm{GCD}(z, 2p)$ 为槽数 z 和极数 $2p$ 的最大公约数。

根据式（8.20），当转子转过一周时，齿槽转矩的周期数则为 $N_p z$。由于齿槽转矩的幅值主要取决于 $B_{rnz/2p}$，其中 n 等于 N_p，N_p 越大，则对应的 $B_{rnz/2p}$ 就越小，齿槽转矩的幅值也就越小。因此，通过合理地选择电机的极槽配合，从而增加齿槽转矩的周期数，可以有效削弱齿槽转矩。

8.3 基于田口算法的齿槽转矩优化

田口算法（Taguchi Method，TM）作为一种新颖的全局优化方法，是由日本的知名统

计学家与工程管理专家田口玄一博士在 20 世纪 50 年代提出的，它是基于正交阵列的简单计算方法，在计算过程中能够有效地减少试验所需的次数，便于寻找最佳的参数组合，可以降低试验成本和提高试验效率。田口算法的核心思想是参数设计，通过多种参数进行正交试验，判断各参数组合的优劣，选取最佳参数组合，可以快速实现多参数的优化。

8.3.1 正交试验设计方法

田口算法与现有优化算法相比，具有收敛速度快、试验次数少和鲁棒性强等优点，并被广泛使用。正交试验是用一小部分试验来代替全部试验，是一种研究和处理多参数问题的高效试验设计方法。

正交试验设计步骤如下。

（1）选取所需优化的参数，确定优化目标。

（2）选取所需优化参数的变化值，并取名为水平。

（3）建立正交表。

（4）在有限元软件 Ansoft Maxwell 中分析求解。

（5）分析求解结果，选取合适的参数。

8.2 节对影响轴向磁场永磁同步电机齿槽转矩的参数进行了分析，并着重分析了极弧系数 α_p、永磁体斜极角度 β 和单个定子盘旋转一个角度对齿槽转矩及空载反电动势的影响，结果表明以上三种方法都对电机的齿槽转矩有一定的削弱效果，同时对反电动势有效值的大小及其波形的 THD 有不同程度的影响。这三种方法在双定子单转子电机中也比较容易实现。因此，本节将通过田口算法选择一个合适的 α_p、β 和 γ 组合，在保证电机基本输出性能的同时，有效削弱其齿槽转矩。

可控因子水平表记为 $L_n(J^i)$，其中 L 表示正交表，n 表示完成试验所需次数，J 表示每个因子的水平数，i 表示所选取的因子个数。表 8.1 所示为 3 因素 3 水平的实验正交表 $L_9(3^3)$。

表 8.1　3 因素 3 水平的实验正交表 $L_9(3^3)$

实验次数	变量 1	变量 2	变量 3
1	1	1	1
2	1	2	2
3	1	3	3
4	2	1	2
5	2	2	3
6	2	3	1
7	3	1	3
8	3	2	1
9	3	3	2

8.3.2 有限元计算及结果分析

根据田口算法的优化设计流程，本节选取电机的齿槽转矩峰峰值及空载反电动势有效值作为发电机优化设计的目标，将极弧系数 α_p、永磁体斜极角度 β 和单个定子旋转角度 γ 作为影响因子，针对每个影响因子选取 3 个因子水平。优化参数及因子水平配置表如表 8.2 所示。

表 8.2　优化参数及因子水平配置表

因子水平	优化参数		
	α_p	β	γ
水平 1	0.7	0	0.5
水平 2	0.72	3	1
水平 3	0.74	6	1.5

根据表 8.1 建立的 $L_9(3^3)$ 实验正交表和表 8.2 的优化参数及因子水平配置表，在 Ansys Maxwell 中建立 9 个轴向磁场永磁同步电机的仿真模型，分别对其进行求解分析，得到分析结果如表 8.3 所示。

表 8.3　正交表及有限元分析结果

实验次数	α_p	β	γ	齿槽转矩/（N·m）	反电动势/V
1	0.7	0	0.5	0.817	241.5
2	0.7	3	1	0.2351	238.9
3	0.7	6	1.5	0.106	231.9
4	0.72	0	1	0.3014	243.6
5	0.72	3	1.5	0.119	240.4
6	0.72	6	0.5	0.1738	236.3
7	0.74	0	1.5	0.1317	244.7
8	0.74	3	0.5	0.8093	244.6
9	0.74	6	1	0.3486	238.3

电机的某参数在某个水平下，对于响应目标的平均表现可表示为

$$m_{xj} = \frac{1}{k}[T(n_1) + T(n_2) + \cdots + T(n_k)] \tag{8.21}$$

式中，x 为电机参数；j 为水平数；T 为响应目标；n_k 为第 k 次实验。

根据式（8.21），结合表 8.3 中的仿真结果，可以得到极弧系数 α_p、永磁体斜极角度 β 和单个定子旋转角度 γ 在三个因子水平下电机响应目标的平均值，如表 8.4 所示。

表 8.4　三个因子水平下电机响应目标的平均值

电机参数	水平数	齿槽转矩/（N·m）	反电动势/V
α_p	1	0.3860	237.4
	2	0.1980	240.1
	3	0.4298	242.5
β	1	0.4167	243.3
	2	0.3878	241.3
	3	0.2094	235.5
γ	1	0.6000	240.8
	2	0.2950	240.2
	3	0.1189	239.0

求出优化目标在三个因子水平下的平均值后，可利用方差的计算公式计算出三个参数

在三个因子水平下对电机响应目标的影响比重，方差的计算表达式为

$$SS = \frac{1}{j}\sum_{i=1}^{j}[m_{xj}(S_i) - m(S)]^2 \qquad (8.22)$$

式中，$m_{xj}(S_i)$为参数 x 在水平 i 下，性能指标 S 的平均值；$m(S)$为性能指标 S 的总体平均值。

各优化参数下的方差及比重如表 8.5 所示。从表中可以看出，单个定子旋转角度 γ 对齿槽转矩的影响占比最大，为 68.42%。相比之下，极弧系数 α_p 和永磁体斜极角度 β 对空载反电动势的影响更大，其占比分别为 27.4%和 69.07%。因此，综合考虑各参数对电机齿槽转矩及反电动势的影响比重，本节最终选择的组合优化方案为 α_p=0.72，β=3°，γ=1.5°。

表 8.5　各优化参数下的方差及比重

参数	齿槽转矩/（N·m）		反电动势/V	
	方差	比重/%	方差	比重/%
α_p	0.01	17.54	4.34	27.4
β	0.008	14.04	10.94	69.07
γ	0.039	68.42	0.56	3.53
总计	0.057	100	15.84	100

8.3.3　优化结果仿真验证

根据上述的最终优化方案，在 Ansys Maxwell 中建立了 α_p=0.72，β=3°，γ=1.5°时的双定子单转子轴向磁场永磁同步电机模型，利用三维有限元仿真对电机空载和负载状态下的电磁特性进行了分析。轴向磁场永磁同步电机优化前后结果对比如图 8.15 所示。优化前后电机的具体参数对比如表 8.6 所示。可以看出，通过田口算法组合优化设计后，电机的齿槽转矩得到了大幅度下降，齿槽转矩峰峰值由原来的 2.18N·m 减小到了 0.119N·m，下降了约94.5%。空载反电动势优化后略有升高，计算可得此时的总谐波畸变率为 1.01%，相比优化前正弦性更好。额定运行时电机的转矩脉动由原来的 3.48%下降至 1.04%，大大提高了电机运行时的平稳性。

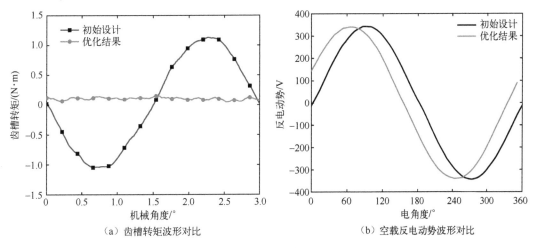

（a）齿槽转矩波形对比　　　　　　（b）空载反电动势波形对比

图 8.15　轴向磁场永磁同步电机优化前后结果对比

表 8.6　优化前后电机的具体参数对比

参数	优化前	优化后
极弧系数 α_p	0.68	0.7
永磁体斜极角度 $\beta/°$	0	3
单个定子旋转角度 $\gamma/°$	0	1.5
空载反电动势有效值/V	238.8	240
空载反电动势总谐波畸变率（THD）	2.53%	1.01%
齿槽转矩峰峰值/（N·m）	2.18	0.119
电磁转矩/（N·m）	38	38.3
转矩脉动	3.48%	1.04%

第 9 章　轴向磁场永磁无刷电机的应用

世界上第一台电机就是轴向磁场永磁电机（也称为盘式电机），它是法拉第于 1821 年发明的，但受当时永磁材料的性能和生产工艺水平的限制，轴向磁场永磁电机未能得到进一步发展。国内目前还是以径向磁场永磁电机为主，在电动汽车、新能源领域和工程机械中，径向磁场永磁电机主要依靠它的高转速，通过高齿数比减速箱，达到降速增扭的目的。它们大多呈长筒形，直径较小，轴向尺寸很大，散热困难。径向磁场永磁电机转子内部铁心利用率低，内转子齿根部的磁路，容易饱和，所以无法进一步提高电机的转矩密度。而轴向磁场永磁电机恰好相反，因其圆盘式的结构，加大了磁场作用面积，使得电机的功率和转矩密度更高，它们大多具有直径较大、轴向尺寸小的特点，散热容易，容易做成低速直驱电机，取消容易出问题的齿轮箱，提高了系统的效率。近年来，轴向磁场永磁电机重新得到了电机界的重视。

轴向磁场永磁无刷电机具有以下优点：结构种类多种多样，结构紧凑，功率密度高，效率高，可以做成圆盘式结构以提高输出功率，还可以采用模块式结构，简化了生产制造。如果电机的极数足够多，轴向长度与外径的比率足够小，那么轴向磁场永磁（AFPM）电机与传统径向磁场永磁（RFPM）电机相比在转矩和功率密度方面有优势，因而具有广泛的应用前景。例如，在发电、新能源汽车、机器人驱动、船舶驱动、直驱电梯电机、电磁弹射系统、便携式钻机设备、小型轴向磁场永磁无刷电机等领域都得到了广泛的应用。

鉴于轴向磁场永磁无刷电机的优势，国内专家开始对盘式电机的市场进行了深度调研，对投资前景进行了预测，为盘式电机的广泛应用开辟了一片新天地。轴向磁场永磁无刷电机的应用领域主要包括以下几个方面。

9.1　发电

9.1.1　分布式发电

在我国，随着经济建设的飞速发展，集中式供电网的容量不断增长，特别是随着大规模的可再生能源并入电网，这种集中大电网所带来的系统不稳定等安全性问题不容忽视。为了弥补大电网安全稳定性方面的不足，在用户近旁直接设置分布式能源系统，与大电网配合，可以大大提高供电可靠性；在电网崩溃和意外灾害情况下，可维持重要用户的供电。另外，对于广大经济欠发达的农村地区来说，特别是农牧地区和偏远山区，要形成一定规模的强大的集中式供配电网需要巨额的投资和很长的时间周期，而分布式发电技术则可以弥补集中式发电的局限性。

分布式发电（Distributed Generation，DG），通常是指发电功率在几千瓦至数百兆瓦的小型模块化、分散式布置在用户附近的高效、可靠的发电单元，主要包括以液体或气体为燃料的内燃机、微型燃气轮机、太阳能发电（光伏电池、光热发电）、水力发电、风力发电、生物质能发电等。分布式发电的优势在于可以充分开发利用各种可用的分散存在的能源，包括本地可方便获取的化石燃料和可再生能源，并提高能源的利用率，是未来能源领域的重要发展方向。

轴向磁场永磁无刷电机是可靠性高的自励磁发电机，其优点是结构紧凑、功率密度高、模块式结构、效率高，容易与涡轮转子或飞轮等其他机械构件集成在一起使用，因此可在分布式发电系统中作为主要发电机使用。轴向磁场无刷同步电机和微型燃气轮机一起使用时，转速通常比较高，发电机输出的交流电需要被整流，然后通过逆变器与电网频率进行匹配输送到电网上，或者直接供给负载使用。要降低高速发电机的风摩损耗就需要使用小直径的转子，因此作为高速发电机使用时，一般采用具有模块化的多盘式设计，其具有结构紧凑、同步电抗低、电压调整率优良等一系列的优点。

多盘式轴向磁场高速发电机通常由汽轮机驱动，其涡轮机转子和 PM 转子安装在同一轴上，可以减小质量。图 9.1 所示为英国 TurboGenset 公司生产的功率为 100kW、速率为 60000r/min 的多盘式轴向磁场高速发电机，其外径只有 180mm，长为 300mm，质量却只有 12kg，因为发电机的转速很高，所以需要功率变换器将发电机输出的高频电整流成直流，然后逆变成 50Hz、60Hz 或 400Hz 的交流电，发电机采用空冷。

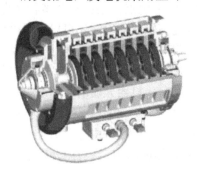

图 9.1　英国 TurboGenset 公司生产的功率为 100kW、速率为 60000r/min 的多盘式轴向磁场高速发电机

9.1.2　应急式柴油发电机

为了保障海上钻井平台、核电站和船舶等重要电力系统的安全可靠运行，需要设立"独立式、应急式"电源，在很多场合下采用以柴油机为原动力的无刷同步发电机来供电。由于永磁同步发电机输出电压难以被调节，所以目前无刷同步发电机还是以电励磁发电机为主，为了实现无刷，需要利用同轴安装的交流励磁机和旋转整流装置配合来给主发电机转子绕组励磁。传统无刷同步发电机通常采用径向磁场交流励磁机励磁，因此无刷同步发电机实际上为两台发电机。径向磁场电机在安装时受这种柱体式结构限制，需要一定的空间。若采用轴向磁场交流励磁机代替径向磁场交流励磁机，则可将励磁机的定子绕组安装在端盖上，转子绕组、旋转整流装置安装在同一个圆盘上，交流励磁机所占的空间大大缩小，电机的功率密度大大提高，质量减小。因此，轴向磁场电机有望成为无刷同步发电机交流励磁机的理想选择，从而提高电机的功率密度和空间利用率。

由于永磁体的磁场难以被调节，因此限制了永磁同步发电机的应用范围。轴向磁场混合励磁无刷同步发电机既具有永磁电机结构简单、效率高的优点，又具有电励磁电机磁场调节容易的优点，还具有轴向磁场电机结构紧凑、散热好、质量小的优点，在应急式柴油发电机中有很好的应用前景。

轴向磁场永磁无刷电机既可以制造成高速发电机，也可以制造成低速发电机。由柴油机驱动的轴向磁场无刷同步发电机既可以用在分布式发电系统，也可以用于野战车移动电源、舰艇船舶电源、孤岛风光柴蓄供电系统等。

9.1.3 直驱风力发电机

风力发电是一种清洁的可再生能源，风力发电技术是可再生能源发电技术中最成熟，也最具商业价值的一种，世界各国正在大力开发风力资源。风轮机的转速比较低，若采用低速的永磁风力发电机可以实现直驱，则可以取消齿轮箱，降低电机的维护要求。低速发电机要求电机的极数比较多，而轴向磁场永磁电机直径比较大，容易实现多极低速。除此之外，轴向磁场永磁电机还可以做成多定子多转子的多模块结构。若用在直驱风力发电系统中，则增加定子模块的数量就可以增加发电机的输出功率，因此轴向磁场永磁无刷同步发电机适合应用于直驱风能转换场合中。

目前，国外直驱轴向磁场风力发电机有两种方案，一种是像传统的风电系统一样，将风力发电机放置在机舱内，如图 9.2 所示；另一种是挪威的科学家提出来的，将风力发电机安放在风力机的轮毂位置，可以取消传统的轮毂结构，使发电机质量减小，成本下降，如图 9.3 所示。挪威科技公司已经设计出了 10MW 的轴向磁场风力发电机，风轮机转子直径为 164m，发电机质量为 164t，而传统的同容量直驱径向磁场风力发电机重达 375t。该电机采用双转子单定子、无定子铁心结构，这样可以消除单边磁拉力，没有齿槽转矩，电机的效率很高，但是永磁体用量较多。

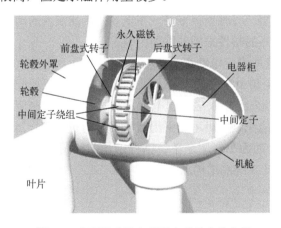

图 9.2 直驱舱式轴向磁场永磁风力发电机

图 9.3 直驱轮式轴向磁场风力发电机

9.1.4 水轮发电机

水轮发电机转速低、电机的极数多、直径大、轴向长度短，因此水轮发电机适合做成轴向磁场电机，可利用单边轴向磁场电机本身存在的轴向磁拉力过大的特点对水轮发电机进行特殊结构设计。例如，当水轮发电机采用单定子单转子轴向磁场电机作为交流励磁机，水轮发电机采用立式安装时，利用单边轴向磁场电机轴向磁拉力大的特性对整个电机的质量进行磁悬浮设计，抵消压在轴承上的部分重力，减少轴承的损耗，延长轴承的寿命。相比径向磁场交流励磁机，轴向磁场交流励磁机结构简单，占用空间少。因此，基于轴向磁场交流励磁机的无刷同步发电机很适合用作水轮发电机。

9.2 新能源电动车辆

在能源紧缺、环境污染日益加剧的情况下，新能源电动车辆已受到各国的大力提倡。电动车辆一般分为混合动力车辆和电池动力车辆两类。混合动力车辆目前处于运输技术发展的前沿。从汽油车到混合动力车和电池电动车的转变，将减少一次能源总的消耗。混合动力车辆和电池动力车辆应该满足下列条件：高的瞬态转矩、高的功率密度、起动和爬坡时的低速大转矩、巡游时的高速小转矩、恒转矩区域和恒功率区域的速度范围宽、转矩响应快、在宽的速度范围和转矩范围内效率高。在各种运行条件下，如高温、低温、雨雪和振荡的环境中，应有高的可靠性和鲁棒性。另外，成本要低。

9.2.1 混合动力车辆

混合动力车辆（HEVs）中既有传统车辆中的内燃机，又有电动车辆中的电动机，电动机／发电机通常位于内燃机和齿轮箱之间。电动机／发电机转轴的一端连接到内燃机的起动离合器上，而另一端通过离合器连接到飞轮上或齿轮箱上。电动机的功能如下：运行在电动状态时帮助车辆推进，因而可使用小的内燃机；运行在发电状态时，利用多余的能量（制动过程中）来给电池充电，取代传统的交流发电机供电，通常为低至 12V 的电气系统供电，使内燃机能很快起动，并且噪声很低。当不需要内燃机时，可以关掉。当需要重新启动时没有任何延时，缓冲离合器速度变化，使得空挡运行时也很平滑。在电动、汽油混合的动力车辆中，电动机通过使用低速范围内具有大转矩的特性来辅助汽油引擎。

目前，制造的混合动力车辆中多使用笼型感应电动机或永磁无刷电动机，电动机的额定功率为 10kW～75kW。由于内燃机和齿轮箱中空间的限制，以及需要增加飞轮效应，要求 HEVs 中的电动机短且具有大的直径，轴向磁场永磁无刷电机是盘式、高转矩密度的电机，能很好地满足 HEVs 要求。轴向磁场永磁无刷电机可以采用液冷和电力电子变换器集成在一起，采用轴向磁场永磁无刷电机的混合动力车辆驱动系统结构示意图如图 9.4 所示。图 9.5 所示为带飞轮储能的混合动力车辆驱动系统的结构示意图。

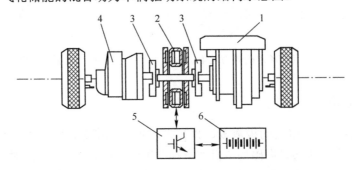

1—燃气发动机；2—轴向磁场永磁无刷电机；3—起动离合器；4—齿轮箱；5—逆变器；6—电池

图 9.4 混合动力车辆驱动系统结构示意图

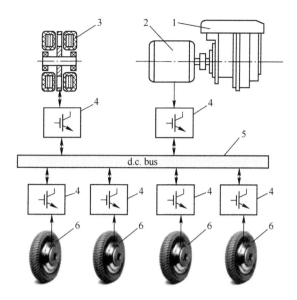

1—燃气发动机；2—无刷发电机；3—飞轮/电动机/发电机集成；4—变流器；5—直流母线；6—电动轮

图 9.5 带飞轮储能的混合动力车辆驱动系统的结构示意图

9.2.2 电池动力车辆

电池动力车辆（EVs）使用二次电池（可充电池或蓄电池）作为其唯一的能源。EVs 传动系统可以将储存在电池中的能量转换成电动车辆的动力，能量也可以逆方向流动，即通过再生制动将车辆中的动能转换成电能储存在蓄电池中。

一般来说，在许多电力拖动应用中，交流电机通过减速齿轮箱和机械差动器连接到车轮上。有的是将电动机和齿轮一起安装在电动汽车的车轮里，有的是将电动机安装在汽车底板上，再通过减速齿轮箱与车轮相连。要简化车辆驱动链必须取消连接在电动机和车轮之间的减速齿轮箱，这就要求用轮毂电动机来代替减速齿轮箱。轮毂电动机必须设计成大转矩低转速，以实现无齿轮轮毂电动机驱动系统。

轴向磁场无刷电机在 EVs 中作为轮毂电动机，其圆盘式结构可使电机设计成一个结构紧凑的电动轮。在传统的结构中，轮毂电动机直接安装在车辆的轮子上，这样的机电驱动系统是相当简化的了，因为当电动机安装在轮子里，驱动轴和等角速万向节已经不再需要了。然而，还存在以下问题：车辆总的簧下质量增加了，因为包括了电动机的质量在内；直驱结构的车轮电动机也会受到过载的困扰，因为直驱电机转子的转速比较低，这就导致了电动机有效材料用量的增加，电动机的质量增大了；轮胎刹车的发热、崎岖路面的振动、恶劣环境等对车辆的安全稳定性和可操控性也带来了严重的影响。这些问题的存在对电机电控系统可靠性提出了苛刻的性能和测试要求。上述传统轮毂电动机的缺点可以通过使用图 9.6 的轮毂电机结构来克服。两个定子直接安装在车体上，转子直接和轮胎相连，转子可以自由旋转。可以看到在这种情况下，只有车轮和轴向磁场永磁无刷电机转子形成了簧下质量，然而电机的定子变成了支撑在底座上的簧上质量，在质量结构上保持传统车辆的轮胎结构，但同样能具备轮毂电动机驱动车辆的优势，如模块化、分布驱动、转弯半径小、传动效率高和机动性强等。

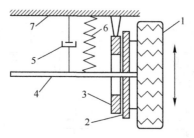

1—车轮；2—轴向磁场电机转子；3—轴向磁场电机定子；4—连接轴；5—减震器；6—弹簧；7—汽车底盘

图9.6　用于电动汽车上的具有低的簧下质量的盘式轮毂电机装置

深圳小象电动公司根据电动汽车轮毂电机系统的尺寸和要求，独立开发了采用轴向磁场电机驱动的轮毂电机系统，由于在底盘上是模块化的动力总成，集成了减震器和转向电机，同时线控刹车卡钳安装于轮胎内，与传统汽车轮胎一致，避免了簧下质量大的问题，而且整个动力模组可以独立安装和更换，有故障后可便捷拆卸和更换，维修、维护简单且标准化。采用轴向磁场永磁无刷电机作为动力的轮边驱动系统，可以使整个电池底盘空间更大，可实现个性定制化电池容量、车宽车高甚至车体造型等要求的自定义，可实现多种车型的个性组合。深圳小象电动公司的轮毂电机系统采用的轴向磁场永磁无刷电机，性能参数为峰值功率 25kW，输出峰值扭矩为 600N·m，最高转速为 1200r/min，可适应于多数电动汽车的车速和扭矩。

在电池电力车辆和混合动力车辆中，相比传统的集中电机驱动系统，无齿轮轮毂电机驱动系统有一系列优点。首先，将电机直接安装在车轮内可以简化车轮的机械布局，无齿轮轮毂电机驱动系统可以减小驱动链的组件，因此提高了整个系统的可靠性和效率。其次，因为取消了减速齿轮箱和机械差速器，也减小了整个驱动链的质量。然而由于消除了齿轮箱，驱动轮轴的转矩都要由电机来产生，电机的体积和质量会增加，因此直驱驱动系统主要的挑战是要使安装在轮内的电动机的体积和质量尽量小，应在电机的体积、功率和质量之间有一个平衡。

增程式新能源汽车是在电池动力车辆的基础上增加了内燃机（增程器），用于给电池充电或直接驱动电机，从而增加车辆的续航里程，解决电动汽车续航里程不足的问题。目前增程式市场很火，这也与其高续航里程和低油耗有关。相关的乘用车和商用车，以及无人驾驶场地车辆，很多都开发出了增程式产品。综合油耗下来，将比燃油车节约油耗 30%左右。在发电机领域，轴向磁场永磁无刷电机可以说是颠覆了传统发电机，将风冷异步机换成盘式电机，大大减小了发电机的尺寸和质量，同时大幅度地提高了发电效率，广泛运用于 1～100kW 的发电机。

据估计，截至 2021 年，欧洲国家使用轴向磁场永磁无刷电机在新能源汽车领域中的总量已经突破 400 万台，是全球最大新能源汽车电机市场。从目前来看，轴向磁场永磁无刷电机在国内的发展已经呈现出多点开花的局面，在江浙沪，以及北京、深圳等地区有不少从事轴向磁场永磁无刷电机开发的企业。相比于国外的 YASA 和 Magnax 的私人定制形式，国内的企业大多以量产化为目标，对电机的材料和结构经过优化，牺牲了一定的功率密度，已达到符合市场需求、价格合理的电机水平。国内汽车行业，如比亚迪、特斯拉、广州一汽、上海大众、北汽等一系列汽车制造企业均还在使用市场成熟的径向磁场永磁无刷电机技术，因此轴向磁场永磁无刷电机在新能源汽车领域有较大发展空间。预计 2023—2027 年，我国轴向磁场永磁无刷电机在新能源汽车领域中的需求量将达到 1000 万台。

9.3　机器人驱动

随着越来越多的公司采用机器人技术，机器人已经广泛应用于国民经济各行各业。机器人常用的电机包含三种类型：直流电机、步进电机和轴向磁场电机。因为轴向磁场电机转子是永磁体或粘有永磁体的圆盘，结构很简单、电机轴向尺寸很短、质量小，因此很适合应用于机器人的伺服控制系统中。

轴向磁场电机用于工业机器人具有以下几个优势。

（1）高效率：因为轴向磁场电机转子外径大，可以直接产生大转矩，不需要通过齿轮箱进行转换，减少了系统的损耗，既可以满足工业机器人对动力性能的需求，又有助于提高工业机器人整体效率，并减少机器人的能耗。

（2）高功率密度：轴向磁场电机具有较高的功率密度和效率，相比同样功率的传统电机，轴向磁场电机的小体积使其可以更容易安装在机器人关节中，并为更大的空间提供更多的可能性。

（3）低噪声：用于机器人的轴向磁场电机采用无铁磁铁心结构，无齿槽转矩，低振动、低噪声。

（4）提高可靠性：轴向磁场电机可以提供更高的可靠性，从而提高机器人关节的可靠性。

图 9.7 所示为 SEMOTOR 公司开发的四足机器人关节电机 SETZ120，具有高功率、大扭矩、体积小、质量小的优点。

图 9.7　SEMOTOR 公司开发的四足机器人关节电机 SETZ120

9.4　船舶驱动

潜艇的电驱动系统要求输出功率高、效率高、噪声小和结构紧凑的电机。轴向磁场永磁无刷电机能满足这些要求，并且能无故障运行 100000h，且只需要周围的海水来冷却。这种电机实际上噪声小，运行时振动很小，额定运行条件下输出功率能超过每公斤 2.2kW，转矩密度为每公斤 5.5N·m。通常大型的潜艇推进电机的转子线速度为 20～30m/s。通过设计成两个反方向旋转的转子，轴向磁场永磁无刷电机也可以应用在海洋驱动系统上，用作具有两个反向转子的海洋推进器。该系统中使用一个额外的反向旋转的推进器，便于从主推进器的旋流中恢复能量。在这种情况下，使用一个可以正反方向旋转的对转轴向磁场永磁无刷电机，可以取消行星齿轮箱，图 9.8 所示为具有正反方向旋转的对转轴向磁场永磁无刷电机的展开图。

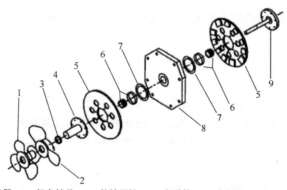

1—正转推进器；2—反转推进器；3—径向轴承；4—外转子轴；5—永磁体；6—电机轴承；7—装配环；8—定子；9—内转子轴

图9.8　具有正反方向旋转的对转转轴向磁场永磁无刷电机的展开图

电机采用双转子单定子的双边结构，定子绕组采用矩形导线，每个线圈有两个有效面，每个线圈的表面与对面的永磁转子相互作用。为了使两个转子有相反方向的运动，定子绕组线圈的排列必须在电机的气隙中产生一个反向旋转的磁场，定子位于两个转子之间，转子由低碳钢做成的盘和轴向磁化的钕铁硼永磁体组成。永磁体安装在与定子边相对的转子盘的表面，每个转子都有自己的轴来驱动推进器。

9.5　直驱电梯电机

依托轴向磁场永磁无刷电机扁平化的优势，把曳引机放置在电梯轿厢和井壁之间，取消了传统曳引机机房，也称为无机房式电梯，如图9.9所示。电梯无齿轮机电驱动的概念是于 1992 年由 Komne 公司提出来的。有了盘式低速紧凑型轴向磁场永磁无刷电机之后，Penhouse 机械室可由节省空间的直驱电机驱动来取代，与相似直径的低速轴向磁场鼠笼式感应电机相比，轴向磁场永磁无刷电机效率倍增，是感应电机功率因数的 3 倍。通力电梯公司凭借其自己研发的碟式马达曳引机（也是盘式电机），一度站上了电梯行业的制高点。轴向磁场永磁无刷电机依托其高效节能、结构紧凑的特性，将在电梯行业中得到青睐。我国对节能电梯的需求增长强劲，高性能钕铁硼永磁材料作为节能电梯曳引机的核心零部件，其市场需求必将随节能电梯的发展而快速增长。

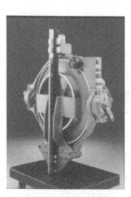

（a）双盘轴向磁场电梯电机　　　　　　（b）直驱电梯驱动系统

图9.9　轴向磁场永磁无刷电机驱动的电梯系统

9.6　电磁弹射系统

军用飞机是在蒸气弹射器的辅助下从航空母舰的甲板上弹射升空的，蒸气弹射器使用两排并列的有槽圆柱体，活塞连接到牵引机上，蒸汽压力下的活塞使牵引机加速直到飞机起飞。蒸气弹射器有许多缺点：操作时没有回馈控制；体积大（超过110m³）、质量大（达500t），占据了航空母舰上的黄金地带，对船的稳定性产生负面影响；低效率，运行能量受限，需要频繁维护。电磁弹射系统（EMACS）可以避免上述缺点，电磁飞船发射技术使用的是直线感应电机或直线同步电机，它们由轴向磁场交流发电机通过交交变频器供电，从航空母舰发电站获得的电能变成动能储存在轴向磁场永磁无刷同步电机的转子上，然后作为秒脉冲被释放去加速和发射飞机。在轴向磁场永磁无刷电机和直线电机之间的交交变频器提高了电压和频率。

从图9.10中可以看出，使用4个轴向磁场永磁无刷电机安装在扭矩框架上，组成反向旋转对去减小转矩的陀螺效应。轴向磁场永磁无刷电机的转子既在作电动机运行时储存动能，又在作发电机运行时提供励磁，从甲板上发电机处获得的电功率通过整流器逆变器供给轴向磁场永磁无刷电机。电动机绕组位于槽的底部，以在绕组和机座之间提供更好的导热性能。

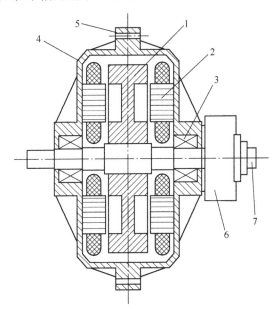

1—永磁磁极转子；2—定子；3—轴承；4—外壳；5—安装法兰；6—刹车；7—转轴编码器

图9.10　电磁弹射系统中的轴向磁场永磁无刷电机

9.7　便携式钻机设备

钻机的使用范围小到电动玩具，大到油田的大钻机。钻机中的动力机组（电动机）可以实现以下功能：驱动重的振动机械或舂钻，或者提供旋转运动带动螺旋钻旋转，驱动卷扬机来提升或降低钻机和采样设备的高度，向下提供一个压力来驱动钻机和采样设备或举起和降下锤子去驱动框或采样设备。对大多数钻井和采样设备来说，动力源自钻机上安装的货车上电动机或来自单独的发动机，发动机集成在钻机里作为钻机里的一个内部元件。钻机的提升能力决定了钻孔的深度。选择电源的经验法则是要求起动钻杆的动力应该是旋转钻柱动力的 3 倍。

由于大型轴向磁场永磁无刷电机结构紧凑的设计、质量小、精确的速度控制、高的效率和高的可靠性，特别适合便携式钻机设备。传统的感应电机或有刷的直流电机已经被高性能液冷的轴向磁场永磁无刷电机取代了。系统使用 600V 交流电压的钻塔电源，便于携带。轴向磁场永磁无刷电机的速度和转矩控制精度高，是其他电机达不到的，是严酷的钻井环境中最理想的选择；模块式设计允许钻机用一台电机降额连续运行。

9.8 小型轴向磁场永磁无刷电机

9.8.1 便携式电源

可携带的背包电池的能量密度低，对武装部队中步兵操练来说是一个主要的约束和挑战。最近随着轴向磁场永磁无刷电机技术方面的发展，一种微型燃气轮机可以减小电池的质量，并且可以在现场操练时充电，小型发电机能长期供给电功率，唯一的限制是燃料的供应。通过使用煤油可以实现易燃快燃。图 9.11 所示为微型燃气轮机结构示意图。

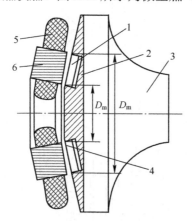

1—永磁磁极；2—支撑钢环；3—微轮机转子；4—磁定位环；5—定子绕组；6—定子铁心

图 9.11　微型燃气轮机结构示意图

9.8.2 计算机硬盘驱动电动机

超平面 PM 微型电动机，即在微型硬盘驱动、手机振动电动机、移动扫描仪和消费电子中获得了广泛应用。采用移磁技术（MMT）的两相或三相微型轴向磁场永磁无刷电机适合于大批量低成本生产。为了使电机坚固，定子线圈是浇注的，定子安装在一个单边印刷的电路板上。每个部件都是使用标准的模具制造，采用了叠片和线圈自动绕制技术，对每个部件都进行具体设计和有效的安装。为自动化应用领域中设计的 MMT 轴向磁场微型旋转驱动器，在有限的行程里可以提供一个有效的、无接触的直驱旋转运动。

计算机硬盘驱动电动机（HDD）的设计特点是高的起动转矩，电流不能太大，低的振动和噪声，对体积和形状的物理约束不多。由于在不移动时，读/写头通常会粘住磁盘，因此需要一个高的起动转矩，即 10～20 倍的运行转矩。轴向磁场永磁无刷电机可以比对应的径向磁场永磁无刷电机产生较高的起动转矩，还有零齿槽转矩、效率高等优点，因此可用作计算机硬盘驱动。图 9.12 所示为轴向磁场永磁无刷电机驱动的计算机硬盘装置。

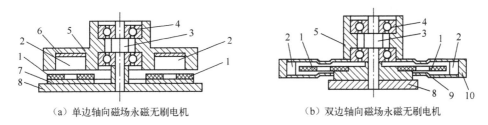

（a）单边轴向磁场永磁无刷电机　　　　　（b）双边轴向磁场永磁无刷电机

1—定子线圈；2—永磁磁极；3—转轴；4—轴承；5—旋翼叶毂；6—转子磁轭；7—定子磁轭；8—基板；9—极指；10—非磁性环

图 9.12　轴向磁场永磁无刷电机驱动的计算机硬盘装置

9.8.3　振动电机

在现代社会中，移动通信技术的进步已经使手机成了相当流行的工具，手机中少不了振动电机。振动电机在手机中的作用：当收到短信或电话时，振动电机启动，带动偏心轮进行高速旋转，从而产生振动。手机内振动电机（见图 9.13）的趋势包括体积小、质量小、低能耗，以及确保在任何情况下都能可靠地发出振动和闹响。手机的振动电机可分为圆柱形（空心杯）振动电机和扁平纽扣式振动电机两种。圆柱形振动电机，国内有很多企业都能够制造，而扁平纽扣式振动电机的技术含量比较高，大多是国外企业制造的，采用的是轴向磁场永磁无刷电机。

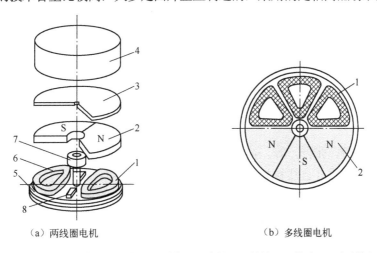

（a）两线圈电机　　　　　　　　　（b）多线圈电机

1—线圈；2—PM 磁极；3—磁轭；4—端盖；5—底板；6—转轴；7—轴承；8—止动铁心

图 9.13　手机内的振动电机

采用移磁技术，通过简单设计就可以获得单相轴向磁场永磁无刷电机，它能给手机提供一个强烈的振动感和音响。由于无触点设计、尺寸的可伸缩和细长型，因此 MMT 振动电机的制造很具有成本效益。

轴向磁场永磁无刷电机除了在上述几个方面获得应用，还将在飞轮储能、航空航天、家用电器中获得广泛的应用。

参 考 文 献

[1] 唐任远. 现代永磁电机理论与设计[M]. 北京：机械工业出版社，1997.

[2] 邓秋玲，黄守道，刘婷. 双定子轴向磁场永磁同步风力发电机的设计[J]. 湖南大学学报（自然科学版），2012，39（2）：54-59.

[3] 邓秋玲，黄守道，刘婷，等. 永磁电机齿槽转矩的研究分析[J]. 湖南大学学报（自然科学版），2011，38（3）：56-59.

[4] 邓秋玲，肖意南，张群，等. 直驱轮式轴向磁场永磁风力发电机的研究[J]. 湖南工程学院学报（自然科学版），2018，28（2）：1-5.

[5] 邓秋玲，谢吉堂，张细政，等. 轴向磁场永磁无刷电机及其应用[J]. 湖南工程学院学报（自然科学版），2016，26（2）：1-5.

[6] DENG Q L，HUANG S D，XIAO F. Influence of Design Parameters on Cogging Torque in Directly Driven Permanent Magnet Synchronous Wind Generators[J]. Journal of Energy and Power Engineering，2010，4（7）：42-47.

[7] 陈可. 小型轴向磁场永磁同步风力发电机的设计研究[D]. 湘潭：湖南工程学院，2014.

[8] 谢吉堂. 直驱轮式轴向磁场永磁风力发电机的设计研究[D]. 湘潭：湖南工程学院，2016.

[9] 肖意南. 非晶轴向磁场永磁风力发电机的设计与优化[D]. 湘潭：湖南工程学院，2018.

[10] 柯梦卿. 轴向磁场混合励磁风力发电机的弱磁控制研究[D]. 湘潭：湖南工程学院，2019.

[11] 向全所. 盘式轴向磁通发电机设计研究[D]. 湘潭：湖南工程学院，2020.

[12] 艾文豪. 双定子轴向磁场永磁同步风力发电机的设计与研究[D]. 湘潭：湖南工程学院，2022.

[13] 廖宇琦. 基于轴向磁通励磁机励磁的无刷同步发电机的设计与研究[D]. 湘潭：湖南工程学院，2023.

[14] 柯梦卿，邓秋玲，张群，等. 削弱轴向磁场永磁同步风力发电机齿槽转矩方法的研究[J]. 湖南工程学院学报（自然科学版），2019，29（04）：1-7

[15] 向全所，邓秋玲，刘婷，等. 高效高功率密度轴向磁场永磁电机的设计与研究[J]. 湖南工程学院学报（自然科学版），2021，31（2）：17-23.

[16] 邓秋玲，黄文涛.电动汽车用新型轴向磁场车轮电机的设计[J]. 微电机，2011，44（3）：29-32.

[17] 邓秋玲，黄守道，许志伟，等. 软磁复合材料在轴向磁场永磁风力发电机中的应用[J]. 微特电机，2010，38（01）：21-23.

[18] 邓秋玲，向全所，龙夏，等. 一种轴向磁场混合励磁无刷电机[P]. 中国专利：CN112311179A，2021-02-02.

[19] 邓秋玲. 钻井平台用无刷励磁同步发电机[J]. 湖南电力，2000（03）：57-58.

[20] 王秀和. 永磁电机[M]. 北京：中国电力出版社，2007.

[21] 邓秋玲，廖宇琦，艾文豪，等. 8kW 盘式永磁电机齿槽转矩分析与优化[J]. 湖南工程学院学报（自然科学版），2022，32（02）：13-18.

[22] JACEK F G，WANG R J，KAMPER M J. Axial Flux Permanent Magnet Brushless Machines[M]. Dordrecht：Kluwer Academic Publishers，2005.

[23] 邓秋玲，朱明浩，艾文豪，等. A Novel Axial Magnetic Field Brushless Synchronous Machine with Hybrid Excitation：2030429 [P]. 2022-11-30.